新时期绿色建筑设计研究

吴 凯 王 嵩 李 成 ◎著

U0335774

吉林科学技术出版社

图书在版编目（CIP）数据

新时期绿色建筑设计研究 / 吴凯，王嵩，李成著
. -- 长春 : 吉林科学技术出版社，2022.9
ISBN 978-7-5578-9678-2

Ⅰ. ①新… Ⅱ. ①吴… ②王… ③李… Ⅲ. ①生态建
筑－建筑设计－研究 Ⅳ. ①TU201.5

中国版本图书馆 CIP 数据核字(2022)第 177793 号

新时期绿色建筑设计研究
XINSHIQI LVSE JIANZHU SHEJI YANJIU

作　　者　吴　凯　王　嵩　李　成
出 版 人　宛　霞
责任编辑　张伟泽
封面设计　白白古拉其
幅面尺寸　185mm×260mm　1/16
字　　数　277 千字
印　　张　12.25
版　　次　2023 年 5 月第 1 版
印　　次　2023 年 5 月第 1 次印刷

出　　版　吉林科学技术出版社
发　　行　吉林科学技术出版社
地　　址　长春市净月区福祉大路 5788 号
邮　　编　130118
发行部电话/传真　0431-81629529　81629530　81629531
　　　　　　　　　81629532　81629533　81629534

储运部电话　0431-86059116

编辑部电话　0431-81629518
印　　刷　北京四海锦诚印刷技术有限公司

书　　号　ISBN 978-7-5578-9678-2
定　　价　75.00 元

前　言

　　建筑活动是人类对自然资源、环境影响最大的活动之一。从能源节约、生态环境关注等视角审视现代绿色建筑一直是各界关注的焦点，它是人们对全球生态环境的普遍关注和可持续发展思想的广泛深入，是建筑从能源节约方面扩展到全面审视建筑活动与全球生态环境、周边生态环境和居住者所生活的环境的重要建筑理念和实践。

　　绿色建筑设计直接影响着绿色建筑的实施，在设计的过程中能否最大限度地节约资源、保护环境、减少污染，为人们提供健康、适用和高效的使用空间，直接关系到能否创造出与自然和谐共生的建筑。就此，本书主要从绿色建筑设计的概念出发，简单介绍中国传统建筑的绿色经验，引出现代绿色城市规划设计的重要性以及规划的方向。绿色建筑必须有绿色技术的支持，本书主要对绿色建筑的围护构件节能技术、可再生资源利用技术、雨污染再利用技术进行详细分析；同时，重点分析绿色材料内涵、要求、选择与运用，以及绿色建筑给排水设备、弱电设备、暖通空调设备的设计选型原则。严寒、寒冷、夏热冬冷、夏热冬暖、温和地区等地的气候不同，绿色建筑的特点也自然不同，设计应当因地制宜，考虑完备；同样地，不同类型建筑的设计要点也不同，居住建筑、办公建筑、酒店建筑、医院建筑，不仅要考虑绿色安全，还要重点考虑功能，满足需求。对于既有建筑的绿色生态改造也是不能忽略的，改造是项复杂的工程，对技术也提出了更高的要求，也是绿色建筑设计研究的重点环节。本书对于绿色建筑的介绍较为全面，希望能帮助读者建立绿色建筑的基本知识结构，为绿色建筑设计提供支持。

　　在本书的编写过程中，参考了大量国内外有关绿色建筑的文献资料，这里表示最诚挚的谢意。由于时间较为仓促，加之作者水平有限，书中难免存在疏漏与不妥之处，恳请广大读者提出宝贵的意见和建议，以便日后更好地完善此书。

目　录

第一章 绿色建筑设计概述

绿色设计是指产品整个生命周期内优先考虑产品的环境属性，同时保证产品应有的基本性能、使用寿命和质量的设计。绿色建筑设计可以说是绿色设计观念在建筑学领域的体现，也就是将全面可持续发展理念引入传统建筑设计的过程。绿色建筑设计要满足更多的目标需求维度，所以绿色建筑有传统建筑难以比拟的特点。本章将对绿色建筑设计的基础知识进行阐述。

第一节 绿色建筑的概念

一、绿色建筑的概念

（一）绿色建筑的几个相关概念

1. 生态建筑

生态建筑理念源于生态学的观点看持续性，问题集中在生态系统中的物理组成部分和生物组成部分相互作用的稳定性，希望建筑能达到完全与环境共生并符合自给自足的生态循环系统的最高境界。生态建筑受生态生物链、生态共生思想的影响，对过分人工化、设备化的环境提出质疑，生态建筑强调使用当地自然建材，尽量不使用电化设备，而多采用太阳能热水、雨水回收利用、人工污水处理等方式。生态建筑的目标主要体现在：生态建筑提供有益健康的建成环境，并为使用者提供高质量的生活环境，减少建筑的能源与资源消耗，保护环境，尊重自然，成为自然生态的一个因子。

2. 可持续建筑

可持续建筑旨在说明在达到可持续发展的进程中建筑业的责任，指以可持续发展观规划的建筑，内容包括从建筑材料、建筑物、城市区域规模大小等，到与这些有关的功能性、经济性、社会文化和生态因素。可持续发展是一种从生态系统环境和自然资源角度提出的关于人类长期发展的战略和模式。

3. 绿色建筑和节能建筑

绿色建筑和节能建筑两者有本质区别，二者从内容、形式到评价指标均不一样。具体来说，节能建筑是符合建筑节能设计标准这一单项要求即可，节能建筑执行节能标准是强制性的，如果违反则面对相应的处罚。绿色建筑涉及六大方面，涵盖节能、节地、节水、节材、室内环境和物业管理。

（二）我国对"绿色建筑"的定义

1. 绿色建筑的"建筑的全寿命周期"概念

绿色建筑的"建筑的全寿命周期"，即指建筑从最初的规划设计到随后施工建设、运营管理及最终的拆除，形成了一个全寿命周期。与传统建筑设计相比，绿色建筑设计有两个基本特点：一是在保证建筑物的性能、质量、寿命、成本要求的同时，优先考虑建筑物的环境属性，从根本上防止污染，节约资源和能源；二是设计时所考虑的时间跨度大，涉及建筑物的整个生命周期。

关注建筑的全寿命周期，意味着不仅在规划设计阶段充分考虑并利用环境因素，而且确保施工过程中对环境的影响最低，运营管理阶段能为人们提供健康、舒适、低耗、无害空间，拆除后又对环境危害降到最低，并使拆除材料尽可能地再循环利用。

2. 我国绿色建筑的评价标准及指标体系

《绿色建筑评价标准》GB/T 50378-2014 中，绿色建筑指标体系包括节地与室外环境、节能与能源利用、节水与水资源利用、节材与材料资源利用、室内环境质量、施工管理和运营管理共七类指标组成。这七类指标涵盖了绿色建筑的基本要素，包含了建筑物全寿命周期内的规划设计、施工、运营管理及回收各阶段的评定指标的子系统。每个指标下有若干项，满足一定的项数，即可由高到低被评为三星级、二星级和一星级绿色建筑。

二、绿色建筑内涵

绿色建筑设计的核心内涵：①绿色建筑是以人、建筑和自然环境的协调发展为目标，利用自然条件和人工手段创造良好、健康的居住环境，并遵循可持续发展原则；②绿色建筑强调在规划、设计时充分考虑利用自然资源的同时，尽量减少能源和资源的消耗，不破坏环境的基本生态平衡，充分体现向大自然的索取和回报之间的平衡；③绿色建筑的室内布局应合理，尽量减少使用合成材料，充分利用自然阳光，节省能源，为居住者创造一种接近自然的感觉；④绿色建筑是在生态和资源方面有回收利用价值的一种建筑形式，推崇的是一套科学的整合设计和技术应用手法。

没有一幢建筑物能够在所有方面都能符合绿色建筑的要求，但是，只要建筑设计能够反映建筑物所处的独特气候情况和所肩负的功能，同时又能尽量减少资源消耗和对环境破坏的话，便可称为绿色建筑。

第二节 绿色建筑设计基础理论

一、绿色建筑的设计理念

（一）和谐理念

绿色建筑追求建筑"四节"（即节能、节地、节水、节材）和环境生态共存；绿色建筑与外界交叉相连，外部与内部可以自动调节，有利于人体健康；绿色建筑的建造对地理条件有明确的要求，土壤中不存在有毒、有害物质，地温适宜，地下水纯净，地磁适中；绿色建筑外部要强调与周边环境相融合，和谐一致、动静互补，做到既保护自然生态环境又与环境和谐共生。

（二）环保理念

绿色建筑强调尊重本土文化、重视自然因素及气候特征，力求减少温室气体排放和废水、垃圾处理，实现环境零污染。绿色建筑不使用对人体有害的建筑材料和装修材料，以提高室内环境质量，保证室内空气清新，温、湿度适当，使居住者感觉良好、身心健康。

（三）节能理念

绿色建筑要求：将能耗的使用在一般建筑的基础上降低 70% ~ 75%；尽量采用适应当地气候条件的平面形式及总体布局；考虑资源的合理使用和处置；采用节能的建筑围护结构，减少采暖和空调的使用；根据自然通风的原理设置风冷系统，有效地利用夏季的主导风向；减少对水资源的消耗与浪费。

（四）可持续发展理念

绿色建筑应根据地理及资源条件，设置太阳能采暖、热水、发电及风力发电装置，以充分利用环境提供的天然可再生能源。

二、绿色建筑遵循的基本原则

绿色建筑应坚持可持续发展的建筑理念。绿色建筑除满足传统建筑的一般要求外，尚应遵循以下基本原则。

（一）关注建筑的全寿命周期

建筑从最初的规划设计到随后的施工建设、运营管理及最终的拆除，形成了一个全寿命周期。即意味着不仅在规划设计阶段充分考虑并利用环境因素，而且确保施工过程中对环境的影响最低，运营管理阶段能为人们提供健康、舒适、低耗、无害空间，拆除后又把对环境的危害降到最低，并使拆除材料尽可能再循环利用。

（二）适应自然条件，保护自然环境

1.充分利用建筑场地周边的自然条件，尽量保留和合理利用现有适宜的地形、地貌、植被和自然水系；2.在建筑的选址、朝向、布局、形态等方面，充分考虑当地气候特征和生态环境；3.建筑风格与规模和周围环境保持协调，保持历史文化与景观的连续性；4.尽可能减少对自然环境的负面影响，如减少有害气体和废弃物的排放，减少对生态环境的破坏。

（三）创建适用与健康的环境

1.绿色建筑应优先考虑使用者的适度需求，努力创造优美、和谐的环境；2.保障使用的安全，降低环境污染，改善室内环境质量；3.满足人们生理和心理的需求，同时为人们提高工作效率创造条件。

（四）加强资源节约与综合利用，减轻环境负荷

1.通过优良的设计和管理，优化生产工艺，采用适用的技术、材料和产品；2.合理利用和优化资源配置，改变消费方式，减少对资源的占有和消耗；3.因地制宜，最大限度地利用本地材料与资源；4.最大限度地提高资源的利用效率，积极促进资源的综合循环利用；5.增强耐久性能及适应性，延长建筑物的整体使用寿命；6.尽可能使用可再生的、清洁的资源和能源。

此外，绿色建筑的建设必须符合国家的法律法规与相关的标准规范，实现经济效益、社会效益和环境效益的统一。

三、绿色建筑的设计原则

（一）基本设计原则

1. 自然性原则

在建筑外部环境设计、建设与使用过程中，应加强对原生生态系统的保护，避免和减少对生态系统的干扰和破坏；应充分利用场地周边的自然条件和保持历史文化与景观的连续性，保持原有生态基质、廊道、斑块的连续性；对于在建设过程中造成生态系统破坏的情况，采取生态补偿措施。

2. 系统协同性原则

绿色建筑是其与外界环境共同构成的系统，具有系统的功能和特征，构成系统的各相关要素需要关联耦合、协同作用以实现其高效、可持续、最优化的实施和运营。绿色建筑是在建筑运行的全生命周期过程中多学科领域交叉、跨越多层级尺度范畴、涉及众多相关主体、硬科学与软科学共同支撑的系统工程。

3. 高效性原则

绿色建筑设计应着力提高在建筑全生命周期中对资源和能源的利用效率。例如，采用创新的结构体系、可再利用或可循环再生的材料系统、高效率的建筑设备与部品等。

4. 健康性原则

绿色建筑设计通过对建筑室外环境营造和室内环境调控，提高建筑室内舒适度，构建有益于人的生理舒适健康的建筑热、声、光和空气质量环境，同时为人们提高工作效率创造条件。

5. 经济性原则

绿色建筑应优化设计和管理，选择适用的技术、材料和产品，合理利用并优化资源配置，延长建筑物整体使用寿命，增强其性能及适应性。基于对建筑全生命周期运行费用的估算，以及评估设计方案的投入和产出，绿色建筑设计应提出有利于成本控制的具有可操作性的优化方案。在优先采用被动式技术的前提下，实现主动式技术与被动式技术的相互补偿和协同运行。

6. 地域性原则

绿色建筑设计应密切结合所在地域的自然地理气候条件、资源条件、经济状况和人文特质，分析、总结和吸纳地域传统建筑应对资源和环境的设计、建设和运行策略，因地制宜地制定与地域特征紧密相关的绿色建筑评价标准、设计标准和技术导则，选择匹配的对策、方法和技术。

7. 进化性原则

在绿色建筑设计中充分考虑各相关方法与技术更新、持续进化的可能性，并采用弹性的、对未来发展变化具有动态适应性的策略，在设计中为后续技术系统的升级换代和新型设施的添加应用留有操作接口和载体，并能保障新系统与原有设施的协同运行。

（二）3R 原则

1. "减量"（Reduce）

绿色建筑设计除了满足传统建筑的一般设计原则外，还应遵循可持续发展理念，在满足当代人需求的同时，应减少进入建筑物建设和使用过程的资源（土地、材料、水）消耗量和能源消耗量，从而达到节约资源和减少排放的目的。

2. "再利用"（Reuse）

保证选用的资源在整个建筑过程中得到最大限度的利用。尽可能多次及以多种方式使用建筑材料或建筑构件。

3. "循环再生"（Recycle）

尽可能利用可再生资源，所消耗的能量、原料及废料能循环利用或自行消化分解。在规划设计中能使其各系统在能量利用、物质消耗、信息传递及分解污染物方面形成一个闭合的循环网络。

四、绿色建筑的目标

（一）绿色建筑的观念目标

对于绿色建筑，目前得到普遍认同的认知观念是，绿色建筑不是基于理论发展和形态演变的建筑艺术风格或流派，不是方法体系，而是试图解决自然和人类社会可持续发展问题的建筑表达，是相关主体（包括建筑师、政府机构、投资商、开发商、建造商、非营利机构、业主等）在社会、政治、经济、文化等多种因素影响下，基于社会责任或制度约束而共同形成的、对待建筑设计的严肃而理性的态度和思想观念。

（二）绿色建筑的评价目标

评价目标是指采用设计手段使建筑相关指标符合某种绿色建筑评价标准体系的要求，并获取评价标志。目前，国内外绿色建筑评价标准体系可以划分为两大类。

第一类，是依靠专家的主观判断与决策，"通过权重实现对绿色建筑不同生态特征的整合，进而形成统一的比较与评价尺度"。其评价方法优点在于简单、便于操作，不足之处为，缺乏对建筑环境影响与区域生态承载力之间的整体性进行表达和评价。

第二类，是基于生态承载力考量的绿色建筑评价，源于"自然清单考察"评估方法，通过引入生态足迹、能值、碳排放量等与自然生态承载力相关的生态指标，对照区域自然生态承载力水平，评价人类建筑活动对环境的干扰是否影响环境的可持续性，并据此确立绿色建筑设计目标。其优点在于易于理解，更具客观性，不足之处是具体操作较繁复。

（三）绿色建筑的设计目标

1. 节地与室外环境

（1）建筑场地选择

建筑场地选择包括：①优先选用已开发且具城市改造潜力的用地；②场地环境应安全可靠，远离污染源，并对自然灾害有充分的抵御能力；③保护并充分利用原有场地上的自然生态条件，注重建筑与自然生态环境的协调；④避免建筑行为造成水土流失或其他灾害。

（2）节地措施

节地措施包括：①建筑用地适度密集，适当提高公共建筑的建筑密度，住宅建筑立足创造宜居环境，确定建筑密度和容积率；②强调土地的集约化利用，充分利用周边的配套公共建筑设施；③高效利用土地，如开发利用地下空间，采用新型结构体系与高强轻质结构材料，提高建筑空间的使用率。

（3）降低环境负荷

降低环境负荷包括：①建筑活动对环境的负面影响应控制在国家相关标准规定的允许范围内；②减少建筑产生的废水、废气、废物的排放；③利用园林绿化和建筑外部设计以减少热岛效应；④减少建筑外立面和室外照明引起的光污染；⑤采用雨水回渗措施，维持土壤水生态系统的平衡。

（4）绿化设计

绿化设计包括：①优先种植乡土植物，采用耐候性强的植物，减少日常维护的费用；②采用生态绿地、墙体绿化、屋顶绿化等多样化的绿化方式，应对乔木、灌木和攀缘植物进行合理配置，构成多层次的复合生态结构，达到人工配置的植物群落自然和谐，并起到遮阳、降低能耗的作用；③绿地配置合理，达到局部环境内保持水土、调节气候、降低污染和隔绝噪声的目的。

（5）交通设计

交通设计包括：①充分利用公共交通网络；②合理组织交通，减少人车干扰；③地面停车场采用透水地面，并结合绿化为车辆遮阴。

2. 节能与可再生能源利用

（1）降低能耗

包括：①利用场地自然条件，合理考虑建筑朝向和楼间距，充分利用自然通风和天然采光，减少使用空调和人工照明；②提高建筑围护结构的保温隔热性能，采用由高效保温材料制成的复合墙体和屋面及密封保温隔热性能好的门窗，采用有效的遮阳措施；③采用用能调控和计量系统。

（2）提高用能效率

包括：①采用高效建筑供能、用能系统和设备，如合理选择用能设备，使设备在高效区工作，根据建筑物用能负荷动态变化，采用合理的调控措施；②优化用能系统，采用能源回收技术；③针对不同能源结构，实现能源梯级利用。

（3）使用可再生能源

可再生能源，指从自然界获取的、可以再生的非化石能源，包括风能、太阳能、水能、生物质能、地热能、海洋能、潮汐能等，以及通过热泵等先进技术取自自然环境（如大气、地表水、污水、浅层地下水、土壤等）的能量。可再生能源的使用不应造成对环境和原生态系统的破坏以及对自然资源的污染。可再生能源的利用方式见表1-1。

表 1-1 可再生能源的利用方式

可再生能源	利用方式
太阳能	太阳能发电
	太阳能供暖与热水
	太阳能制冷
风能	风能发电技术
生物技能	生物质能发电
	生物质能转换热利用
其他	污水和废水热泵技术
	地表水水源热泵技术
	浅层地下水热泵技术 (100% 回灌)
	浅层地下水直接供冷技术 (100% 回灌)
	地道风空调

（4）确定节能指标

包括：①各分项节能指标；②综合节能指标。

3. 节水与水资源利用

（1）节水规划

根据当地水资源状况，因地制宜地制订节水规划、方案，如中水、雨水回用等，保证方案的经济性和可实施性。

（2）提高用水效率

包括：①按高质高用、低质低用的原则，生活用水、景观用水和绿化用水等按用水水质要求分别提供、梯级处理回用；②采用节水系统、节水器具和设备，如采取有效措施，避免管网漏损，空调冷却水和游泳池用水采用循环水处理系统，卫生间采用低水量冲洗便器、感应出水龙头或缓闭冲洗阀等，提倡使用免冲厕技术等；③采用节水的景观和绿化浇灌设计，如景观用水不使用市政自来水，尽量利用河湖水、收集的雨水或再生水，绿化浇灌采用微灌、滴灌等节水措施。

（3）雨污水综合利用

包括：①采用雨水、污水分流系统，有利于污水处理和雨水的回收再利用；②在水资源短缺地区，通过技术经济比较，合理采用雨水和中水回用系统；③合理规划地表与屋顶雨水径流途径，最大限度地降低地表径流，采用多种渗透措施增加雨水的渗透量。

4. 节材与材料资源

（1）节材

包括：①采用高性能、低材耗、耐久性好的新型建筑体系；②选用可循环、可回用和可再生的建材；③采用工业化生产的成品，减少现场作业；④遵循模数协调原则，减少施工废料；⑤减少不可再生资源的使用。

（2）使用绿色建材

包括：①选用蕴能低、高性能、高耐久性和本地建材，减少建材在全寿命周期中的能源消耗；②选用可降解、对环境污染少的建材；③使用原料消耗量少和采用废弃物生产的建材；④使用可节能的功能性建材。

5. 注重室内环境质量

（1）光环境

包括：①设计采光性能最佳的建筑朝向，发挥天井、庭院、中庭的采光作用；②采用自然光调控设施，改善室内的自然光分布；③办公和居住空间，开窗能有良好的视野；④室内照明尽量利用自然光，如不具备时，可利用光导纤维引导照明，以充分利用阳光；⑤照明系统采用分区控制、场景设置等技术措施，有效避免过度使用和浪费；⑥分级设计一般照明和局部照明，满足低标准的一般照明与符合工作面照度要求的局部照明相结合，局部照明可调节，以有利使用者的健康和照明节能；⑦采用高效、节能的光源、灯具和电器附件。

（2）热环境

包括：①优化建筑外围护结构的热工性能，防止因外围护结构内表面温度过高过低、透过玻璃进入室内的太阳辐射热等引起的不舒适感；②设置室内温度和湿度调控系统，使室内热舒适度能得到有效的调控；③根据使用要求合理设计温度可调区域的大小，满足不同个体对热舒适性的要求。

（3）声环境

包括：①采取动静分区的原则进行建筑的平面布置和空间划分，如办公、居住空间不与空调机房、电梯间等设备用房相邻，减少对有安静要求房间的噪声干扰；②合理选用建筑围护结构构件，采取有效的隔声、减噪措施，保证室内噪声级和隔声性能符合《民用建筑隔声设计规范》GB 50118-2010 的要求；③综合控制机电系统和设备的运行噪声，如选用低噪声设备，在系统、设备、管道（风道）和机房采用有效的减振、减噪、消声措施，控制噪声的产生和传播。

（4）室内空气品质

包括：①人员经常停留的工作和居住空间应能自然通风，可结合建筑设计提高自然通风效率；②合理设置风口位置，有效组织气流，采取有效措施防止串气、泛味，采用全部和局部换气相结合，避免厨房、卫生间、吸烟室等处的受污染空气循环使用；③室内装饰、装修材料对空气质量的影响应符合《民用建筑工程室内环境污染控制标准》GB 50325-2010 的要求；④使用可改善室内空气质量的新型装饰装修材料；⑤设集中空调的建筑，宜设置室内空气质量监测系统，维护用户的健康和舒适；⑥采取有效措施防止结露和滋生霉菌。

第三节 绿色建筑设计要求及技术设计内容

一、绿色建筑的设计要求

（一）重视建筑的整体设计

整体设计的优劣直接影响绿色建筑的性能及成本。绿色建筑设计必须结合气候、文化、经济等诸多因素进行综合分析，加以整体设计。不应盲目照搬某个先进的绿色技术，也不能仅仅着眼于一个局部而不顾整体。绿色建筑设计强调整体的生态设计思想，综合考虑绿色人居环境设计中的各种因素，实现多因素、多目标、整个设计过程的全局最优化。每一个环节的设计都要遵循生态化原则，要节约能源、资源，无害化，可循环。

（二）绿色建筑设计应与环境达到和谐统一

1. 尊重基地环境

绿色建筑营造的居住及工作环境，既包括人工环境，也包括自然环境。在进行绿色建筑的环境规划设计时，须结合当地生态、地理、人文环境特性，收集有关气候、水资源、土地使用、交通、基础设施、能源系统、人文环境等资料。绿色建筑设计应做到以整体的观点考虑可持续性及自然化的应用，包括适应所在地区的自然气候条件，重视建筑本身的绿色设计及整体环境的绿化处理、生活用水的节能利用、废水处理及还原、雨水利用等多方面因素。

2. 因地制宜原则

绿色建筑设计必须强调的一点是因地制宜。气候的差异使得不同地区的绿色建筑设计策略大相径庭，建筑设计应充分结合当地的气候特点及其他地域条件，最大限度地利用自然采光、自然通风、被动式集热和制冷，从而减少因采光、通风、供暖、空调所导致的能耗和污染。

（三）绿色建筑首选被动式节能设计

1. 充分利用自然通风，创造良好的室内外环境

自然通风，即利用自然能源或者不依靠传统空调设备系统，而仍然能维持适宜的室内环境的方式。自然通风能节省可观的全年空调用能从而达到节能的目的。

要充分利用自然通风，必须考虑建筑的朝向、间距和布局。此外，建筑高度对自然通风也有很大的影响，一般高层建筑对其自身的室内自然通风有利。而在不同高度的房屋组合时，高低建筑错列布置有利于低层建筑的通风，处于高层建筑风景区内的低矮建筑受到高层背风区回旋涡流的作用，室内通风良好。

2. 针对不同地区的气候特点选择合适的节能构造设计

不同气候特点地区的绿色建筑节能构造设计，应选择有针对性的节能设计。如热带地区，比起使用保温材料和蓄热墙体来说，屋面隔热及自然通风的意义更大一些；而对于寒冷地区，使用节能门窗及将有限的保温材料安置在建筑的关键部位，并不是均匀分布，将会起到事半功倍的效果。

（四）将建筑融入历史与地域的人文环境

将建筑融入历史与地域的人文环境包括以下几个方面。①应注重历史性和文化特色，加强对已建成环境和历史文脉的保护和再利用。②对古建筑的妥善保存；对传统街区景观的继承和发展；继承地方传统的施工技术和生产技术；继承、保护城市与地域的景观特色，并创造积极的城市新景观；保持居民原有的生活方式并使居民参与建筑设计与街区更新。③绿色建筑体现"新地域主义"特征。它是建筑中的一种方言或者说是民间风格。但是新地域主义不等于地方传统建筑的仿古或复旧，它在功能上与构造上都遵循现代标准和需求，仅仅是在形式上部分吸收传统形式的特色而已。

（五）绿色建筑应创造健康舒适的室内环境

绿色建筑之所以强调室内环境，因为空调界的主流思是在内外部环境之间争取一个平衡关系。健康、舒适的生活环境包括以下方面：使用对人体健康无害的材料，抑制危害人体健康的有害辐射、电波、气体等，符合人体工程学的设计，室内具有优良的空气质量，优良的温、湿度环境，优良的光、视线环境，优良的声环境。

（六）采用减轻环境负荷的建筑节能新技术及能源使用的高效节约化

绿色建筑设计应采用能减轻环境负荷的建筑节能新技术，关注能源使用的高效节约化。主要包括以下几方面：①根据日照强度自动调节室内照明系统、局域空调、局域换气系统、布水系统；②注意能源的循环使用，包括对二次能源的利用、蓄热系统、排热回收等；③使用耐久性强的建筑材料；④采用便于对建筑保养、修缮、更新的设计；⑤建筑设备竖井、机房、面积、层高、荷载等设计应留有发展余地。

二、绿色建筑的技术设计内容

（一）建筑围护结构的节能技术

建筑围护结构的各部分能耗比例，一般屋顶占22%；窗户渗透占13%，窗户热传导占20%；外墙占30%；地下室占15%。选择合适的围护结构节能措施在绿色建筑技术设计中非常重要。

1.外墙体节能技术

（1）单一墙体节能技术

单一墙体节能技术指通过改善主体结构材料本身的热工性能来达到墙体节能效果，目前，常用的加气混凝土和空洞率高的多孔砖或空心砌块可用作单一节能墙体。

（2）复合墙体节能技术

复合墙体节能技术指在墙体主体结构基础上增加一层或几层复合的绝热保温材料来改善整个墙体的热工性能。根据复合材料与主体结构位置的不同，又分为内保温技术、外保温技术及夹心保温技术。

2. 窗户节能技术

窗户的节能技术主要从减少渗透量、减少传热量、减少太阳辐射能三个方面进行设计。主要方式有：采用断桥节能窗框材料、采用节能玻璃和采用窗户遮阳设计几种方式，其中窗户的遮阳设计方式主要有以下两种。

（1）外设遮阳板

外设遮阳板要求既阻挡夏季阳光的强烈直射，又保证一定的采光、通风及外立面构图设计要求。

（2）电控智能遮阳系统

电控智能遮阳系统即根据太阳运行角度及室内光线强度要求，采用电控遮阳的系统。在太阳辐射强烈的时候关闭，遮挡太阳辐射，降低空调能耗；在冬季和阴雨天的时候打开，让阳光射入室内，降低采暖能耗。

3. 屋面节能技术

屋面被称为建筑的第五立面，是建筑外围护结构节能设计的重要方面，除了保温、隔热的常规设计以外，采用屋顶绿化的种植屋面设计是减少建筑能耗的有效方式。有屋顶花园的建筑不一定是绿色建筑，但屋顶花园却是绿色建筑的要素之一，它有助于丰富环境景观，提高建筑的节能效能。

（二）被动式建筑节能技术

被动式建筑节能技术，即以非机械电气设备干预手段实现建筑能耗降低的节能技术，具体指在建筑规划设计中，通过对建筑朝向的合理布置、遮阳的设置、建筑围护结构的保温隔热技术、有利于自然通风的建筑开口设计等实现建筑需要的采暖、空调、通风等能耗的降低。

相对被动式技术的是主动式技术，指通过机械设备干预手段为建筑提供采暖、空调、通风等舒适环境控制的建筑设备工程技术。主动式节能技术是在主动式技术中以优化的设备系统设计、高效的设备选用实现节能的技术。

（三）新型自然采光技术与照明节能技术

1. 用导光管进行自然采光

导光管日光照明系统（Tubular Daylighting System）是一种无电照明系统，采用这种系统的建筑物白天可以利用太阳光进行室内照明。其基本原理是通过采光罩高效采集室外自然光线并导入系统内重新分配，再经过特殊制作的导光管传输后由底部的漫射装置把自然光均匀、高效地照射到任何需要光线的地方，从黎明到黄昏，甚至阴天导入室内的光线仍然很充足。

（1）光管日光照明系统的特点

①节能。无需电力，利用自然光照明，同时系统中空密封，具有良好的隔热保温性能，按光源类型分类是"冷光源"，不会给室内带来热负荷效应，同时也不存在电力隐患，安全高效。②环保、健康。组成光导照明系统的各部分材料均属于绿色产品。室内为漫射自然光，无频闪，不会对人眼造成伤害。③光效好。光导照明系统所传输的光为自然光，其波长范围为 380 ~ 780 nm，显色性 Ra 为 100（白炽灯所发出的光最接近自然光，其显色性 Ra 为 95 ~ 97），且经过系统底部的漫射装置，进入室内的漫射光光线柔和，照度分布均匀。④隔音、防火、防盗性好。系统可达到 RW37dB（A）的隔音效果；系统防火性能为 B 级；系统内置防盗安全棒提高了系统的安全性能。⑤使用年限长。光导照明系统使用年限≥ 25 年（电力照明灯具的使用年限最大为 10 年左右）。

（2）导光管日光照明系统的适用范围

导光管日光照明系统主要适合应用于单层建筑、多层建筑的顶层或者是地下室，建筑的阴面等。其中包括大型的体育场馆和公共建筑、厂房车间、别墅、地下车库、隧道、加油站、易燃易爆场所，以及无电力供应场所。

2. 利用智能照明系统节能

智能照明系统，是利用先进电磁调压及电子感应技术，对供电进行实时监控与跟踪，自动平滑地调节电路的电压和电流幅度，改善照明电路中不平衡负荷所带来的额外功耗，提高功率因素，降低灯具和线路的工作温度，达到优化供电的目的。

智能照明系统的具体应用方式，如会议室中安装人体感应传感器，可做到有人时开灯、开空调，无人时关灯、关空调，以免忘记造成浪费；或有人工作时自动打开该区的灯光和空调；无人时自动关灯和空调，有人工作而又光线充足时只开空调不开灯，自然又节能。

（四）绿色暖通新技术

1. 毛细管网辐射式空调系统

毛细管网模拟叶脉和人体毛细血管机制，由外径为 3.5 ~ 5.0 mm（壁厚 0.9 mm 左右）的毛细管和外径 20 mm（壁厚 2 mm 或 2.3 mm）的供回水主干管构成管网。冷热水由主站房供至毛细管平面末端，由毛细管平面末端向室内辐射冷热量，实现夏季供冷、冬季供热的目的。冬季，毛细管内流淌着较低温度的热水，均匀柔和地向房间辐射热量；夏季毛细管内流动着温度较高的冷水，均匀柔和地向房间辐射冷量。毛细管席换热面积大，传热速度快，因此传热效率更高。

空调系统一般由热交换器、带循环泵的分配站、温控调节系统、毛细管网（席）组成。夏季供回水温度的范围在 15 ~ 20 ℃，温差以 2 ~ 3 ℃为宜；冬季供回水温度的范围在 28 ~ 35 ℃，温差以 4 ~ 5 ℃为宜。应配备新风系统，它的功能除了新风功能外，还承担着为室内除湿的任务，可选用新风除湿机或全热回收型新风换气机。无散湿量产生的酒窖、恒温恒湿室等类建筑因功能单一，多数为单层或两层且与其他相关专业关联较弱，故非常适宜采用毛细管网辐射式空调系统。

2. 温湿度独立控制空调系统

温湿度独立控制空调是由我国学者倡导，并在国内外普遍采用的一种全新空调模式。它采用两个相互独立的系统分别对室内的温度和湿度进行调控，这样不仅有利于对室内环境温湿度进行控制，而且可以避免不必要的能源消耗，从而产生较好的节能效果。温度、湿度分别独立处理，也可实现精确控制，处理效率高，能耗低。

（五）节水技术

1. 雨水和污水的回收利用

以雨水和河水作为补给水，结合生态净化系统、气浮工艺、人工湿地、膜过滤和炭吸附结合技术，处理源头水质，达到生活杂用水标准，处理后水用于冲厕、绿化灌溉和景观补水。结合景观设置具有净水效果的景观型人工湿地，处理生活污水。

2. 节水器具的使用

一个漏水的水龙头，一个月会流掉 1 ~ 6m³ 的水；一个漏水的马桶，一个月会流掉 3 ~ 25m³ 的水。因此，使用节水型器具，对于节水至关重要。建设部行业标准《节水型生活用水器具》CJ/T 164-2014，对节水型生活用水器具的定义，指比同类常规产品能减少流量或用水量，提高用水效率、体现节水技术的器件、用具。节水型生活用水器具，包括节水型喷嘴（水龙头）、节水型便器及冲洗设备、节水型淋浴器等。

此外，一些现代家用电器也日益呈现出节水节电的设计趋势。如节水型洗衣机，能根据衣物量、脏净程度，自动或手动调整用水量，是满足洗净功能且耗水量低的洗衣机产品。

第二章 新时期绿色建筑规划设计

建筑作为城市的重要构成要素，同时也反映出城市的文化和历史。在建筑方案设计时不仅要关注建筑物本身，而且还应关注其是否与周围环境相协调。城市规划是城市建设的总纲，建筑设计是落实城市规划的垂要步骤，建成的建筑物是构成城市的主要物质基础，绿色建筑设计必须在城市规划的指导下进行，才能促进城市经济、社会的和谐、健康发展。本章主要对中国传统建筑的绿色经验、绿色城市的规划设计、绿色建筑与景观绿化进行阐述。

第一节 中国传统建筑的绿色经验

一、中国传统建筑中体现的绿色观念

（一）"天人合一"的思想

"天人关系"，即人与自然的关系。"天"是指大自然；"天道"就是自然规律，"人"是指人类；"人道"就是人类的运行规律。"天人合一"是中国古代的一种政治哲学思想，指的是人与自然之间的和谐统一，体现在人与自然的关系上，就是既不存在人对自然的征服，也不存在自然对人的主宰，人和自然是和谐的整体。"天人合一"的思想最早起源于春秋战国时期，经过董仲舒等学者的阐述，由宋明理学家总结并明确提出，其基本思想是人类的政治、伦理等社会现象是自然的直接反映。

中国传统的建筑文化也崇尚"天人合一"的哲学观，这是一种整体的关于人、建筑与环境的和谐观念。建筑与自然的关系是一种崇尚自然、因地制宜的关系，从而达到一种共生共存的状态。中国传统聚落建设、中国传统民居的风水理论，同样寻求天、地、人之间最完美和谐的环境组合，表现为重视自然、顺应自然、与自然相协调的态度，力求因地制宜、与自然融合的环境意识。中国传统民居的核心是居住空间与环境之间的关系，体现了原始的绿色生态思想和原始的生态观，其合理之处与现代住宅环境设计的理念不谋而合。

（二）"师法自然"与"中庸适度"

1."师法自然"

"师法自然"原文来自《老子》，"人法地，地法天，天法道，道法自然"。"师法自然"是以大自然为师加以效法的意思，即一切都自然而然，由自然而始，是一种学习、总结并利用自然规律的营造思想。归根结底，人要以自然为师，就是要遵循自然规律，即所谓的"自然无为"。

2."中庸适度"

（1）"中庸适度"的概念

《中庸》出自《易经》，摘于《礼记》，是由孔子的孙子子思整理编定。《中庸》是"四书"中的"一书"，全书三十三章，分四部分，所论皆为天道、人道、讲求中庸之道，即把心放在平坦的地方来接受命运的安排。中庸，体现出一定的唯物主义因素和朴素的哲学辩证法。适度，是中庸的得体解析，对中国文化及文明传播具有久远的影响。其不偏不倚、过犹不及的审美意识，对中国传统建筑发展影响颇深。"中庸适度"即一种对资源利用持可持续发展的理念，在中国人看来，只有对事物的发展变化进行节制和约束，使之"得中"，才是事物处于平衡状态长久不衰而达到"天人合一"的理想境界的根本方法。

（2）"中庸适度"的建筑空间尺度

"中庸适度"的原则表现在中国古代建筑中的很多方面，"节制奢华"的建筑思想尤其突出，如传统建筑一般不追求房屋过大。《吕氏春秋》中记载："室大则多阴，台高则多阳，多阴则蹶，多阳则痿，此阴阳不识之患也；是故先王不处大室，不为高台。"还有"宫室得其度""便于生""适中""适形"等，实际都是指要有宜人的尺度控制。《论衡·别通篇》中也有这样的论述，"宅以一丈之地以为内"，内即内室或内间，是以"人形一丈，正形也"为标准而权衡的。这样的室或间又有丈室、方丈之称。这样的室或间构成多开间的建筑，进而组成宅院或更大规模的建筑群，遂有了"百尺""千尺"这个重要的外部空间尺度概念，而后世风水形势说则以"千尺为势，百尺为形"作为外部空间设计的基准。

二、中国传统建筑中体现的绿色特征

（一）自然因素对建筑形态与构成的影响

1.自然气候、生活风俗对建筑空间形态的影响

对传统建筑形态的影响分为两个主要因素，即自然因素和社会文化因素，人的需求和建造的可能性决定了传统建筑形态的形成和发展。

（1）气候因素的影响

自然因素中最主要的是气候因素。我国从南到北跨越了五个气候区：热带、亚热带、暖温带、中温带和亚温带。东南多雨，夏秋之间常有台风来袭；而北方冬春二季为强烈的西北风所控制，较干旱。由于地理、气候的不同，我国各地建筑材料资源也有很大差别。中原及西北地区多黄土，丘陵山区多产木材和石材，南方则盛产竹材。各地建筑因而也就地取材，形成了鲜明的地方特色。

（2）生活风俗因素的影响

传统民居的空间形态受地方生活习惯、民族心理、宗教风俗和区域气候特征的影响，其中气候特征对前几方面都产生一定的影响，同时也是现代建筑设计中最基本的影响因素，具有超越其他因素的区域共性。天气的变化直接影响了人们的行为模式和生活习惯，反映到建筑上，相应地形成了开放或封闭的不同的建筑空间形态。

（3）受自然因素影响的不同地域建筑的空间表现形态

①高纬度严寒地区的民居

其建筑形态往往表现为严实敦厚、立面平整、封闭低矮，这些有利于保温御寒、避风沙的措施，是为了适应当地不利的气候条件。

②干热荒漠地区的居住建筑

其形态表现为内向封闭、绿荫遮阳、实多虚少，通过遮阳、隔热和调节内部小气候的手法来减少高温天气对居住环境的不利影响。

③气温宜人地区的居住建筑

此地区的人们室外活动较多，建筑在室内外之间常常安排有过渡的灰空间。灰空间除了具有遮阳的功效，也是人们休闲、纳凉、交往的场所。

④黄土高原地区的窑居建筑

除了利用地面以上的空间，传统建筑还发展地下空间以适应恶劣气候，尤其在地质条件得天独厚的黄土高原地区。

⑤低纬度湿热地区的民居建筑

其建筑形态往往表现为峻峭的斜屋面和通透轻巧、可拆卸的围护结构，以及底部架空的建筑形式，它们能很好地适应多雨、潮湿、炎热的气候特点。

2. 自然资源、地理环境对建筑构筑方式的影响

（1）建筑材料的选择

建筑构筑技术首先表现在建筑材料的选择上。古人由最初直接选用天然材料（如黏土、木材、石材、竹等），发展到后来增加了人工材料（如瓦、石灰、金属等）的利用。传统

民居根据一定的经济条件，因尽量选用各种地方材料而创造出了丰富多彩的构筑形态。

（2）建筑的构筑方式

木构架承重体系，是中国传统建筑构筑形态的一个重要特征，民居的木构架有抬梁式、穿斗式和混合式等几种基本形式，可根据基地特点做灵活的调节，对于复杂的地形地貌具有很大的灵活性和适应性。因此，在当时的社会经济技术下，木构架体系具有很大的优越性。

①穿斗式木构架

穿斗式木构架是中国古代建筑木构架的一种形式，这种构架以柱直接承檩，没有梁，原称作"穿兜架"，后简化为"穿逗架"和"穿斗架"。穿斗式构架是一种轻型构架，屋顶重量较轻，防震性能优良。其用料较少，建造时先在地面上拼装成整榀屋架，然后竖立起来，具有省工、省料，便于施工和比较经济的优点。

②抬梁式木构架

抬梁式木构架是在立柱上架梁，梁上又抬梁，也称叠梁式，是中国古代建筑木构架的主要形式。这种构架的特点是在柱顶或柱网上的水平铺作层上，沿房屋进深方向架数层叠架的梁，梁逐层缩短，层间垫短柱或木块，最上层梁中间立小柱或三角撑，形成三角形屋架。相邻屋架间，在各层梁的两端和最上层梁中间小柱上架檩，檩间架椽，构成双坡顶房屋的空间骨架。房屋的屋面重量通过椽、檩、梁、柱传到基础（有铺作时，通过它传到柱上）。抬梁式使用范围广，在宫殿、庙宇、寺院等大型建筑中普遍采用，更为皇家建筑群所选，是我国木构架建筑的代表。

（二）环境意象、视觉形态、审美心理与对建筑形态与构成的影响

建筑是一种文化现象，它受到人的感情和心态方面的影响，而人的感情和心态又是来源于特定的自然环境和人际关系。对建筑的审美心理属于意识形态领域的艺术范畴的欣赏。

对建筑美的欣赏可以分为从"知觉欣赏"到"情感欣赏"再上升到"理性欣赏"的三部曲，这是从感性认识到理性认识的过程，也是从简单的感官享受到精神享受的过程。即人们对于建筑环境的整体"意象"的知觉感受，如果符合人们最初的基本审美标准，就会认为建筑符合这个场所"永恒的环境秩序"，人们会感受到身心的愉悦与认同，进而上升到思维联想的过程。

第二节 绿色城市的规划设计

一、建筑领域内常见的几个概念

（一）建筑设计

广义的建筑设计是指设计一个建筑物或建筑群所要做的全部工作。由于科学技术的发展，建筑设计工作常涉及建筑学、结构学以及给水、排水、供暖、空气调节、电气、燃气、消防、防火、自动化控制管理、建筑声学、建筑光学、建筑热工学、工程估算、园林绿化等方面的知识，需要各种专业技术人员的密切协作。

通常所说的建筑设计，是指"建筑学专业"范围内的工作，它所要解决的问题包括：建筑物内部各种使用功能和使用空间的合理安排，建筑物与周围环境、与各种外部条件的协调配合，建筑内部和外观的空间及艺术效果设计，建筑细部的构造方式，建筑与结构及各种设备工程的综合协调，等等。因此，建筑设计的主要目标是对建筑整体功能关系的把握，创造良好的建筑外部形象和内部空间组合关系。建筑设计的参与者主要为建筑师、结构工程师、设备工程师等。

（二）城市规划

城市规划建设，主要包含两方面的含义，即城市规划和城市建设。

城市规划是指根据城市的地理环境、人文条件、经济发展状况等客观条件制订适宜的城市整体发展计划，从而协调城市各方面的发展，并进一步对城市的空间布局、土地利用、基础设施建设等进行综合部署和统筹安排的一项具有战略性和综合性的工作。

城市建设是指政府主体根据规划的内容，有计划地实现能源、交通、通信、信息网络、园林绿化，以及环境保护等基础设施建设，是将城市规划的相关部署切实实现的过程。

（三）景观设计

景观设计与规划、生态、园林、地理等多种学科交叉融合，在不同的学科中具有不同的意义。景观设计更注重去更好地协调生态、人居地、地标及风景之间的关系。

景观建筑学，是介于传统建筑学和城市规划的交叉学科，也是一门综合学科。其研究的范围非常广泛，已经延伸到传统建筑学和城市规划的许多研究领域，比如，城市规划中的风景与园林规划设计、城市绿地规划，建筑学中的环境景观设计，等等。

景观建筑学的理论研究范围，在人居环境设计方面，侧重从生态、社会、心理和美学方面研究建筑与环境的关系；其实践工作范围，包括区域生态环境中的景观环境规划、城市规划中的景观规划、风景区规划、园林绿地规划、城市设计，以及建筑学和环境艺术中的园林植物设计、景观环境艺术等不同工作层次。景观设计和建筑设计都从属于城市设计。

（四）城市设计

城市设计与具体的景观设计或建筑设计又有所区别，城市设计处理的空间与时间尺度远比建筑设计要大，主要针对一个地区的景观及建筑形态、色彩等要素进行指导；比起城市规划设计又更加具体，其具有具体性和图形化的特点。城市设计的复杂过程在于：以城市的实体安排与居民的社会心理健康的相互关系为重点，通过对物质空间及景观标志的处理，创造一种物质环境，既能使居民感到愉快，又能激励其社区精神，并且能够带来整个城市范围内的良性发展。城市设计的研究范畴与工作对象，过去仅局限于建筑和城市相关的狭义层面，现在慢慢成为一门综合性的跨领域学科。

（五）环境设计

环境设计又称"环境艺术设计"，属于艺术设计门类，其包含的学科主要有建筑设计、室内设计、公共艺术设计、景观设计等，在内容上几乎包含了除平面和广告艺术设计之外其他所有的艺术设计。环境设计以建筑学为基础，有其独特的侧重点，与建筑学相比，环境设计更注重建筑的室内外环境艺术气氛的营造；与城市规划设计相比，环境设计则更注重规划细节的落实与完善；与园林设计相比，环境设计更注重局部与整体的关系。环境艺术设计是"艺术"与"技术"的有机结合体。

二、绿色城市规划设计

（一）绿色城市规划的概念

绿色城市规划的概念源于绿色设计理念，是基于对能源危机、资源危机、环境危机的反思而产生的。与绿色设计一样，绿色规划具有"3R"核心，绿色规划的理念还拓展到人文、经济、社会等诸多方面。其关键词除了洁净、节能、低污染、回收和循环利用之外，还有公平、安全、健康、高效等。

（二）绿色城市规划的设计原则及目标

1.绿色城市规划的设计原则

绿色城市规划设计应坚持"可持续发展"的设计理念，应提高绿色建筑的环境效益、社会效益和经济效益，关注对全球、地区生态环境的影响以及对建筑室内外环境的影响，应考虑建筑全寿命周期的各个阶段对生态环境的影响。

2.绿色城市规划的目标

现代绿色规划设计的目标是以可持续发展为核心目标的、生态优先的规划方法。绿色建筑规划应从城市设计领域着手，实施环境控制和节能战略，促成城市生态系统内各要素的协调平衡。主要应注意以下几方面：

①完善城市功能，合理利用土地，形成科学、高效和健康的城市格局；提倡功能和用地的混合性、多样性，提高城市活力。②保护生态环境的多样性和连续性。③改善人居环境，形成生态宜居的社区；采用循环利用和无害化技术，形成完善的城市基础设施系统；保护开放空间和创造舒适的环境。④推荐绿色出行方式，形成高效环保的公交优先的交通系统和步行交通为主的开发模式。⑤改善人文生态，保护历史文化遗产，改善人居环境；强调社会生态，保障社会公平。

随着认识的不断深入和城市的进一步发展，绿色规划的目标也逐步向更为全面的方向发展。从对新能源的开发到对节能减排和可再生资源的综合利用，从对自然环境的保护到对城市社会生态的关心，从单一领域的出发点到城市综合的绿色规划策略。城市本身是一个各种要素相互关联的复杂生态系统。绿色规划的目的就是要达到城市"社会－经济－自然"生态系统的和谐，其核心和共同特征是可持续发展。

（三）绿色城市规划的设计要求及设计要点

1.应谋求社会环境的广泛支持

绿色建筑建设的直接成本较高、建设周期较长，需要社会环境的支持。政府职能部门应出台政策、法规，营造良好的社会环境，鼓励、引导绿色建筑的规划和建设。建设单位也要分析和测算建设投资与长期效益的关系，达到利益平衡。

2.应处理好各专业的系统设计

（1）绿色城市规划前期，应充分掌握城市基础资料

包括：①城市气候特征、季节分布和特点、太阳辐射、地热资源、城市风流改变及当地人的生活习惯、热舒适风俗等；②城市地形与地表特征；③城市空间现状，城市所处的位置及城市环境指标，这些因素关系到建筑的能耗；④小气候保护因素。

（2）绿色规划的建筑布局及设计阶段应注意的设计要点

①处理好节地、节能问题；合理配置建筑选址、朝向、间距、绿化。②尽量利用自然采光、自然通风；处理好建筑遮阳等功能设计及细部构造处理；着重改善室内空气质量、声、光、热环境。③选择合理的体形系数，降低建筑能耗。④做好节水规划，提高用水效率，选用节水洁具；雨污水综合利用，将污水资源化；对垃圾做减量与无害化处理。⑤处理好室内热环境、空气品质、光环境，选用高效节能灯具，运用智能化系统管理建筑的运营过程。

（四）绿色城市规划设计的策略与措施

1.绿色规划的能源利用措施

（1）可再生能源利用

可再生能源，尤其是太阳能技术，在绿色城市规划设计中的应用已进入到实践阶段。许多城市制定了新能源使用的策略，对城市供电、供热方式进行合理化和生态化建设。

（2）能源的综合利用和节能技术

节能技术不仅应用在建筑领域，也应用在城市规划领域，其中包括，城市照明的节能技术，热能综合利用，热泵技术，通过系统优化来节能的的系统节能技术，等等。

（3）水资源循环利用

水资源循环利用主要包括：中水回用系统和雨水收集系统。中水回用系统开辟了第二水源，促进水资源迅速进入再循环。中水可用于厕所冲洗、灌溉、道路保洁、洗车、景观用水、工厂冷却水等，达到节约水资源的目的。

（4）垃圾回收和再利用

包括：垃圾的分类收集、垃圾焚化发电、可再生垃圾的利用等措施，促进城市废物的再次循环。对城市基础设施来说，一是提供充足的分类收集设施；二是建设能够处理垃圾的再生纸、发电等再利用设施。

（5）环境控制

包括：防止噪声污染，垃圾无害化处理，光照控制，风环境控制，温度湿度控制，空气质量控制，等等。随着虚拟模拟技术的引入，对噪声、光照、风速、风压等可以进行计算机模拟，依据结果对规划方案进行修正。

2.混合功能社区——以"土地的混合利用"为特色

功能的多元化源自人类自身的复杂性与矛盾性，聚居空间作为生活的物质载体，体现着最朴素的混合发展观。区别于传统的经济社会导向型的土地利用规划模式，从生态角度出发的土地利用模式有着一些新的途径，即提倡以"土地的混合利用"为特色的混合功能社区，既节省土地资源，又有利于提高土地经济性和功能的多样化。

3. 改善交通模式和道路系统

公共电动车租赁系统是在城市中设立的公共电动车使用网络，通过公共电动车管理系统进行无人化、智能化管理，并以该服务系统和与其配套的城市电动车路网为载体，提供公共电动车出行服务的城市交通系统。其一般设置在城市居住区、商业中心、交通枢纽、旅游景点等客流集聚地等区域，隔一定距离规划设置公共电动车租车站点，每个站点放置30~60辆公共电动车，随时为不同人群提供服务，并根据使用时长收取一定费用。

4. 营建绿地生态系统

（1）传统绿地规划与绿色规划的区别

绿地、水系、湿地、林地等开敞空间被视为生态的培育和保护基础。自然绿地的下垫层拥有较低的导热率和热容量，同时拥有良好的保水性，对缓解城市热岛效应有着重要的作用。传统的绿地系统规划多只在服务面积和服务半径方面考虑得较多，而绿色视角的规划则更关注整体性、系统性以及物种的本土性和多样性。绿色规划在设计中注重对本地的动植物物种进行保护，通过自然原生态的设计提高土壤、水系、植物的净化能力，而尽量避免设计过多的人工环境。

（2）绿色规划提倡绿地和开敞空间的可达性和环境品质

包括：①反对把绿地隔离成"绿色沙漠"，应在严格保护基本生态绿地的基础上，允许引入人的活动并进行景观、场地、配套设施的建设，这种基于人与自然共生的理念，往往能够达到生态效应和社会效应的协调；②重视生态修复的重要性，特别是对于城市内部和周边已受到影响的地区，采用适当的手法完善来培育恢复自然生态，如通过合理配置植物种类，恢复能量代谢和循环，防止外来物种侵入等手段，可以使已遭受生态破坏的地区获得生态修复。

5. 改善人居环境

人居环境是绿色规划关注的方面之一，无论是生态城市理论、人居环境理论等研究层面，还是邻里社区、生态小区的实施层面，居住都是永恒的主题。社区作为城市构成的基本单元，包含了城市的许多特征。按照城市设计的分类，绿色社区设计属于分区级设计，具有较强的关联性，上与城市级规划衔接，下与地段级的建筑群、建筑环境设计关联。

目前，我国绿色生态社区有多种形式和概念，如生态示范小区、生态住区、生态细胞、绿色节能小区、绿色社区创建等。这些概念也有片面关注景观环境的情况，如何在生态原则下进行全面的绿色社区规划成为绿色城市规划的重要环节。

城市社区面临的首要问题是进行土地和空间的安排。与城市规划一样，社区规划对项目选址及周边地区应进行生态环境的评估，以保证与整个城市和区域范围生态系统的协调。生态评估的因子范围包括：地形地貌、生物气候、地质条件、水资源、能源、动植物种等自然环境信息。还包括：周边城市历史文脉、居民人口构成、产业分布、交通条件等社会经济信息。通过对这些信息的综合评价，可以得出对土地和空间利用的原则性框架，并在此框架内细化落实为土地利用、建筑朝向与布局、生态空间控制等措施。

随着生态理念和技术的发展，社区规划关注的内容进一步向生态绿色拓展，涵盖了基于生物气候条件的规划设计、绿色交通解决模式、环境系统控制、环境模拟（噪声、采光、通风模拟）、资源的循环利用、节能和减排措施等多方面内容。

第三节 绿色建筑与景观绿化

一、建筑绿化的配置

构建适宜的绿化体系是绿色建筑的一个重要组成部分，我们在了解植物种的生物生态习性和其他各项功能的测定比较的基础上，应选择适宜的植物品种和群落类型，提出适宜绿色建筑的室内外绿化、屋顶绿化和垂直绿化体系的构建思路。

（一）环境绿化、建筑绿化的目标

1.改善人居环境质量

人的一生中90%以上的活动都与建筑有关，改善建筑环境质量无疑是改善人居环境质量的重要组成部分。绿化应与建筑有机结合以实现全方位立体的绿化，提高生活环境的舒适度，形成对人类更为有利的生活环境。

2.提高城市绿地率

城市钢筋水泥的沙漠里，绿地犹如沙漠中的绿洲，发挥着重要的作用。高昂的地价成为城市绿地的瓶颈，对占城市绿地面积50%以上的建筑进行屋顶绿化、墙面绿化及其他形式绿化，是改善建筑生态环境的一条必经之路。

（二）建筑绿化的定义和分类

建筑绿化，是指利用城市地面以上各种立地条件，如建筑物屋顶和外围护结构表皮，构筑物及其他空间结构的表面，覆盖绿色植被并利用植物向空间发展的立体绿化方式。

　　建筑绿化主要分为有屋顶绿化、垂直绿化（墙面绿化）和室内绿化三类。建筑绿化系统包括屋面和立面的基底、防水系统、蓄排水系统以及植被覆盖系统等，适用于工业与民用建筑屋面及中庭、裙房敞层的绿化，与水平面垂直或接近垂直的各种建筑物外表面上的墙体绿化，窗阳台、桥体、围栏棚架等多种空间的绿化。

（三）建筑绿化的功能

1. 植物的生态功能

　　植物具有固定 CO_2、释放 O_2、减弱噪声、滞尘杀菌、增湿调温、吸收有毒物质等生态功能，其功能的特殊性使建筑绿化不会产生污染，更不会消耗能源，改善建筑环境质量。

2. 建筑外环境绿化的功能

　　建筑外环境绿化是改善建筑环境小气候的重要手段。据测定，1 m² 的叶面积可日吸收 CO_2 量 15.4 g，释放 O_2 量 10.97 g，释放水 1634 g，吸热 959.3 kJ，可为环境降温 1 ~ 2.59 ℃。另外，植物又是良好的减噪滞尘的屏障。此外，良好的绿化结构还可以加强建筑小环境通风；利用落叶乔木为建筑调节光照也是国内外绿化常用的手段。

3. 建筑物绿化的功能

　　建筑物绿化包括墙面绿化和屋顶绿化。使绿化与建筑有机结合，一方面可以直接改善建筑的环境质量，另一方面还可以提高整个城市的绿化覆盖率与辐射面。此外，建筑物绿化还可为建筑有效隔热，改善室内环境。植物的根系可以吸收和存储 50% ~ 90% 的雨水，大大减少了水分的流失。一个城市，如果其建筑物的屋顶都能绿化，则城市的 CO_2 比没有绿化前要减少 85%。

4. 室内绿化的功能

　　城市环境的恶化使人们越来越多地依赖于室内加热通风及以空调为主体的生活工作环境，由 HVAC（Heating, Ventilation and Air Conditioning, 缩写 HVAC, 即供热通风与空气调节）组成的楼宇控制系统是一个封闭的系统，自然通风换气十分困难。人们久居其中，极易造成建筑综合征（SBS）的发生。一定规模的室内绿化可以吸收 CO_2、释放 O_2、吸、收室内有毒气体，减少室内病菌含量。室内绿化还可以引导室内空气对流，增强室内通风。

（四）园林建筑与园林植物配置

1. 园林植物配置的特点和要求

　　北京的古典皇家园林，多选择侧柏、桧柏、油松、白皮松等树体高大、四季常青、苍劲延年的树种。苏州园林，建筑色彩淡雅，如黑灰的瓦顶与白粉墙、栗色的梁柱与栏杆。

一般在建筑分隔的空间中布置园林，因此园林面积不大，在地形及植物配置上用"以小见大"的手法，通过"咫尺山林"再现大自然景色，植物配置充满诗情画意的意境。

2. 园林建筑的门、窗、墙、角隅的植物配置

门是游客游览必经之处，门和墙连在一起，起到分割空间的作用。充分利用门的造型，以门为框，通过植物配置，与路、石等进行精细的艺术构图，不但可以入画，而且可以扩大视野、延伸视线。窗也可作为框景的材料，安坐室内，透过窗框外的植物配置，俨然一幅生动的画面。此外，在园林中利用墙的南面良好的小气候特点，引种栽培一些美丽的不抗寒的植物，可发展成美化墙面的墙园。

3. 不同地区屋顶花园的植物配置

江南地区气候温暖、空气湿度较大，所以浅根性、树姿轻盈秀美、花叶美丽的植物种类都很适宜配置于屋顶花园中，尤其在屋顶铺以草皮，其上再植以花卉和花灌木效果更佳。北方地区营造屋顶花园的困难较多，冬天严寒，屋顶薄薄的土层很易冻透，而早春的风在冻土层解冻前易将植物吹干，故宜选用抗旱、耐寒的草种、宿根、球根花卉，以及乡土花灌木，也可采用盆栽、桶栽，冬天便于移至室内过冬。

二、室内外绿化体系的构建

（一）室内绿化植物的选择原则

1. 适应性强

由于光照的限制，室内植物以耐阴植物或半阴生植物为主。应根据窗户的位置、结构及白天从窗户进入室内光线的角度、强弱及照射面积来决定花卉品种和摆放位置，同时还要适应室内温湿度等环境因子。

2. 对人体无害

玉丁香久闻会引起烦闷气喘、记忆力衰退。夜来香夜间排出的气体可加重高血压、心脏病的症状。含羞草经常与人接触会引起毛发脱落，应避免选择此类对人体可能产生危害的植物。

3. 生态功能强

选择能调节温湿度、滞尘、减噪、吸收有害气体、杀菌和固碳释氧能力强的植物，可改善室内微环境，提高工作效率和增强健康状况。如杜鹃具有较强的滞尘能力，还能吸收有害气体如甲醛，净化空气；月季、蔷薇能较多地吸收 HS、HF、苯酚、乙醚等有害气体；吊兰、芦荟可消除甲醛的污染；等等。

4. 观赏性高

花卉的种类繁多，有的花色艳丽，有的姿态奇特，有的色、香、姿、韵俱佳，如超凡脱俗的兰、吉祥如意的水仙、高贵典雅的君子兰、色彩艳丽的变叶木等。应根据室内绿化装饰的目的、空间变化以及人们的生活风俗，确定所需的植物种类、大小、形状、色彩，以及四季变化的规律。

（二）室外绿化体系的构建

1. 室外绿化植物的选择原则

室外植物的选择：首先，考虑城市土壤性质及地下水位高低、土壤偏盐碱的特点其次，考虑生态功能，最后，需要考虑建筑使用者的安全。综合起来有以下几个方面：①耐干旱、耐瘠薄、耐水湿和耐盐碱的适宜生物种；②耐粗放管理的乡土树种；③生态功能好；④无飞絮、少花粉、无毒、无刺激性气味；⑤观赏性好。

2. 室外绿化群落配置原则

①功能性原则。以保证植物生长良好，利于功能的发挥。②稳守性原则。在满足功能和目的要求的前提下，考虑取得较长期稳定的效果。③生态经济性原则。以最经济的手段获得最大的效果。④多样性原则。植物多样化，以便发挥植物的多种功能。⑤其他需考虑的特殊要求等。

3. 功能性植物群落

（1）降温增湿效果较好的植物群落

①香榧＋柳杉群落。如：香榧＋柳杉；八角金盘＋云锦杜鹃＋山茶；络石＋虎耳草＋铁筷子＋麦冬＋结缕草＋凤尾兰＋薰衣草。②广玉兰＋罗汉松群落。如：广玉兰＋罗汉松；东瀛珊瑚＋雀舌黄杨＋金叶女贞；燕麦草＋金钱蒲＋荷包牡丹＋玉簪＋凤尾花。③香樟＋悬铃术群落。如：香樟＋悬铃木；亮叶蜡梅＋八角金盘＋红花橙术；大吴风草＋贯众＋紫金牛＋姜花＋岩白菜。

（2）能较好改善空气质量的植物群落

①杨梅＋杜英群落。如：杨梅＋杜英；山茶＋珊瑚树＋八角金盘；麦冬＋大吴风草＋冠众＋一叶兰。②竹群落。如：刚竹＋毛金竹＋淡竹；麦冬十贯众＋结缕草＋玉簪。③柳杉＋日本柳杉群落。如：柳杉＋日本柳杉；珊瑚树＋红花檬小＋紫荆；细叶苔草＋麦冬＋紫金牛＋虎耳草。

（3）固碳释氧能力较强的群落

①广玉兰＋夹竹桃群落。如：广玉兰＋夹竹桃；云锦杜鹃＋紫荆＋云南黄馨；紫藤＋

阔叶 + 大功劳 + 八角金盘 + 洒金东瀛珊瑚 + 玉簪 + 花叶蔓长春花。②香樟 + 山玉兰群落。如：香樟 + 山玉兰；云南黄馨 + 迎春 + 大叶黄杨；美国凌霄 + 莺尾 + 早熟禾 + 八角金盘 + 洒金东瀛珊瑚十玉簪。③含笑 + 蚊母群落。如：含笑 + 蚊母；卫矛 + 雀舌黄杨 + 金叶女贞；洋常春藤 + 地锦 + 瓶兰 + 野牛草 + 花叶盟长春花 + 虎耳草。

三、屋顶绿化和垂直绿化体系的构建

（一）屋顶绿化体系的构建

1. 屋顶植物的选择原则

①所选树种植物要适应种植地的气候条件并与周围环境相协调；②耐热、耐寒、抗旱、耐强光、不易患病虫害等，适应性强；③根据屋顶的荷载条件和种植基质厚度，选择与之相适应的植物；④生态功能好；⑤具有较好的景观效果。

2. 屋顶绿化的类型

（1）轻型屋顶绿化

轻型屋顶绿化又称敞开型屋顶绿化、粗放型屋顶绿化，是屋顶绿化中最简单的一种形式。这种绿化效果比较粗放和自然化，让人们有接近自然的感觉，所选用的植物往往也是一些景天科的植物，这类植物具有抗干旱、生命力强的特点，并且颜色丰富鲜艳，绿化效果显著。

（2）半密集型屋顶绿化

半密集型屋顶绿化是介于轻型屋顶绿化和密集型屋顶绿化之间的一种绿化形式，植物选择趋于复杂，效果也更加美观，居于自然野性和人工雕琢之间。由于系统重量的增加，设计师可以自由加入更多的设计理念，一些人工造景也可以得到很好的展示。

（3）密集型屋顶绿化

密集型屋顶绿化是植被绿化与人工造景、亭台楼阁、溪流水榭的完美组合，是真正意义上的"屋顶花园""空中花园"。高大的乔木、低矮的灌木、鲜艳的花朵，植物的选择随心所欲；还可设计休闲场所、运动场地、儿童游乐场、人行道、车行道、池塘喷泉等。

（二）垂直绿化体系的构建

1. 垂直绿化植物选择的原则

①生态功能强；②丰富多样，具有较佳的观赏效果；③耐热、耐寒、抗旱、不易患病虫害等，适应性强；④无须过多修剪整形等栽培措施，耐粗放管理；⑤具有一定的攀缘特性。

2. 垂直绿化的类型

（1）阳台、窗台绿化

住宅的阳台有开放式和封闭式两种。开放式阳台光照好，又通风，但冬季防风保暖效果差；封闭式阳台通风较差，但冬季防风保暖好，宜选择半耐阴或耐阴种类。栏板扶手和窗台上可放置盆花、盆景，或种植悬垂植物，既可丰富造型，又增加了建筑物的生气。

窗台、阳台的绿化有以下四种常见方式：①在阳台上、窗前设种植槽，种植悬垂的攀缘植物或花草；②让植物依附于外墙面花架，进行环窗或沿栏绿化以构成画屏；③在阳台栏面和窗台面上的绿化；④连接上下阳台的垂直绿化。

（2）墙面绿化

墙面绿化是利用垂直绿化植物的吸附、缠绕、卷须、钩刺等攀缘特性，依附在各类垂直墙面（包括各类建筑物、构筑物的垂直墙体、围墙等）上，进行快速的生长发育。

墙面绿化具有控温、坚固墙体、减噪滞尘、清洁空气、丰富绿量、有益身心、美化环境、保护和延长建筑物使用寿命的功能。另外，通过垂直界面的绿化点缀，能使建筑表面生硬的线条、粗糙的界面、晦暗的材料变得自然柔和，郁郁葱葱，彰显生态与艺术之美。

不同类型墙体的绿化植物选择：第一，不同表面类型的墙体，较粗糙的表面可选择枝叶较粗大的种类，而表面光滑、细密的墙面，宜选用枝叶细小、吸附能力强的种类；第二，不同高度、朝向的墙体，选择攀缘植物时，要使其能适应各种墙面的高度以及朝向的要求，对于高层建筑物应选择生长迅速、藤蔓较长的藤本，使整个立面都能有效地被覆盖，对不同朝向的墙面应根据攀缘植物的不同生态习性加以选择。

在墙面绿化时，还应根据墙面颜色的不同而选用不同的垂直绿化植物，以形成色彩的对比。如在白粉墙上以爬山虎为主，可充分显示出爬山虎的枝姿与叶色的变化，夏季枝叶茂密、叶色翠绿，秋季红叶染墙、风姿绰约。绿化时宜辅以人工固定措施，否则易引起白粉墙灰层的剥落。橙黄色的墙面应选择叶色常、绿花白繁密的络石等植物加以绿化。泥土墙或不粉饰的砖墙，可用适于攀登墙壁向上生长的气根植物如爬山虎、络石，可不设支架；如果表面粉饰精致，则选用其他植物，装置一些简单的支架。在某些石块墙上可以在石缝中充塞泥土后种植攀缘植物。

3. 墙面绿化的构造类型

（1）模块式

即利用模块化构件种植植物以实现墙面绿化。将方块形、菱形、圆形等几何单体构件，通过合理搭接或绑缚固定在不锈钢或木质等骨架上，形成各种景观效果。模块式墙面绿化，适用于大面积、高难度的墙面绿化，墙面景观的营造效果最好。

（2）铺贴式

即在墙面直接铺贴植物生长基质或模块，形成一个墙面种植平面系统。其特点：①可以将植物在墙体上自由设计或进行图案组合；②直接附加在墙面，无须另外做钢架，并通过自来水和雨水浇灌，降低建造成本；③系统总厚度薄，只有 10~15cm，并且还具有防水阻根功能，有利于保护建筑物，延长其寿命；④易施工，效果好等。

（3）攀爬或垂吊式

即在墙面种植攀爬或垂吊的藤本植物，如种植爬山虎、络石、常春藤、扶芳藤、绿萝等。这类绿化形式简便易行、造价较低、透光透气性好。

（4）摆花式

即在不锈钢、钢筋混凝土或其他材料等做成的垂面架中安装盆花以实现垂面绿化。这种方式与模块化相似，是一种"缩微"的模块，安装拆卸方便。选用的植物以时令花为主，适用于临时墙面绿化或竖立花坛造景。

（5）布袋式

即在铺贴式墙面绿化系统的基础上发展起来的一种工艺系统。首先，在做好防水处理的墙面上直接铺设软性植物生长载体，比如毛毡、椰丝纤维、无纺布等；其次，在这些载体上缝制装填有植物生长及基材的布袋；最后，在布袋内种植植物实现墙面绿化。

（6）板槽式

即在墙面上按一定的距离安装 V 形板槽，在板槽内填装轻质的种植基质，再在基质上种植各种植物。

第三章 新时期绿色建筑设计中的技术支持

绿色建筑技术涉及建筑学及相关学科的许多基础理论。如生态系统循环理论，包括生态系统物质循环规律、能量流动转化规律、气候变异规律、建筑中能量转换传递规律等。所谓绿色建筑技术是指应用这一技术建造的建筑，拥有健康、舒适的室内环境，与自然环境协调、融合、共生，在其生命周期的每一阶段中，对自然环境可以起到某种程度的保护作用，协调人与自然环境之间的关系。本章主要阐述建筑围护构件节能技术、可再生能源利用技术、雨污再利用技术等。

第一节 绿色建筑的建筑围护构件节能技术

一、外墙节能技术

在建筑中，外围护结构的传热损耗较大，而且在外围护结构中墙体所占比例又较大，所以，外墙体材料改革与墙体节能保温技术的发展是绿色建筑技术的重要环节，也是建筑节能的主要实现方式。

（一）外墙常见保温材料

1.EPS（Expanded Polystyrene）聚苯泡沫保温板

（1）适用范围

EPS 聚苯泡沫保温板是由可发性聚苯乙烯珠粒经加热预发泡后在模具中加热成型而制得的，具有闭孔结构的聚苯乙烯泡沫塑料板材。EPS 价格较低，保温性能、整体黏结强度一般。EPS 保温系统适合节能标准较低，抗风压小的低层建筑外墙外保温。该系统施工效率较低，工人技术要求不高，工程造价最低。

（2）新型掺石墨 EPS 板

传统白色 EPS 板不能阻止红外线透过，而石墨 EPS 板内包含红外线吸收物，可减少红外线辐射，降低导热系数，同时提高 EPS 板的燃烧性能。目前市场上的石墨 EPS 板的导热系数可降至 0.033 W/（m·K）以下，燃烧性能可达到 B1 级。

2.XPS（Extruded Polystyrene）挤塑式聚苯乙烯隔热保温板

XPS 板材具有优越的保温隔热性能、良好的抗湿防潮性能，同时具有很高的抗压性能，广泛应用于节能标准较高的多层及高层建筑。可用于建筑物屋面保温、钢结构屋面、建筑物墙体保温、建筑物地面保温、广场地面、地面冻胀控制、中央空调通风管道等。由于内层为闭孔结构，因此，它具有良好的抗湿性和保温隔热性能，也适用于冷库等对保温有特殊要求的建筑。

3. 聚氨酯 PU 硬泡保温板

聚氨基甲酸酯（Polyurethane），简称聚氨酯，是一种新型有机高分子材料，被誉为"第五大塑料"，因其卓越的性能而被广泛应用于轻工、化工、电子、纺织、医疗、建材、汽车、国防、航天等国民经济众多领域。在建筑业主要作为密封胶、黏合剂、屋顶防水保温层、冷库保温、内外墙涂料、地板漆、合成木材、跑道防水堵漏剂、塑胶地板等。

聚氨酯主要分为软泡和硬泡两种：聚氨酯 PU 软泡和聚氨酯 PU 硬泡。聚氨酯 PU 软泡主要用于垫材、室内吸音、隔音材料和织物复合材料，聚氨酯 PU 硬泡主要用于冷冻冷藏设备的绝热材料、工业设备保温、建筑。

4.EPS、XPS、PU 的防火性能对比

EPS、XPS 及 PU 属有机保温材料，燃烧性能一般为 B 级，根据民用建筑外保温系统及外墙装饰防火规定，在中层和高层建筑保温系统应用中受到限制。对此，近年来出现了新型材料"发泡陶瓷保温板"，由于发泡陶瓷保温材料的燃烧性能达到 A 级，是用作外墙外保温层及配合 EPS、XPS、PU 外保温层防火隔离带的理想材料。

（二）常见外墙保温技术的构造做法

外墙保温技术一般按保温层所在的位置分为外墙外保温、外墙内保温、外墙夹心保温、单一墙体保温和建筑幕墙保温等。

1. 外墙外保温

（1）外墙外保温的优点

优点：①由于构造形式的合理性，它能使主体结构所受的温差作用大幅度下降，对结构墙体起到保护作用，并能有效消除或减弱部分"热桥"的影响，有利于结构寿命的延长；②外墙外贴面的保温形式使墙体内侧的热稳定性也随之增大；③有利于提高墙体的防水性和气密性；④便于对既有建筑物的节能改造；⑤避免室内二次装修对保温层的破坏；⑥不占用室内使用面积，与外墙内保温相比，每户使用面积增加 1.3 ~ 1.8 m²。

（2）常用外墙保温系统的类型

①胶粉 EPS 聚苯颗粒保温浆料外墙外保温系统

由界面层（黏结层）、胶粉 EPS 颗粒保温浆料保温层、抗裂砂浆薄抹面层和饰面层组合。胶粉 EPS 颗粒保温浆料经现场拌和后，喷涂或涂抹在基层上形成保温层，薄抹面层中铺玻纤网格布。

② EPS 板外墙外保温系统

第一，EPS 板薄抹灰外墙外保温系统：由 EPS 板保温层、薄抹面层和饰面涂层构成 EPS 板用胶黏剂固定在基层上，薄抹面层中铺玻纤网格布。

第二，EPS 板现浇混凝土外保温系统：是以现浇混凝土为基层，EPS 板为保温层的外保温系统。

③喷涂聚氨酯硬泡外墙保温系统

用聚氨酯现场发泡工艺将聚氨酯保温材料喷涂在基层外墙体上，聚氨酯保温材料面层用轻质找平材料进行找平，饰面层可采用涂料或面砖。这是一项新型建筑节能技术，其具有不吸水、不透水的功能，同时具有优良的保温功效，广泛应用于屋顶和墙体保温。但聚氨酯在墙面现场喷涂材料的厚度和垂直度不易控制，一般可用预制好的聚氨酯板块在现场粘贴、固定，上加玻纤网格布或钢丝网，再做防水面层和抗裂处理，上做涂料等。聚氨酯外墙保温隔热层对墙体基层要求较低，墙体表面无油污、无浮灰即可，抹灰或者不抹灰均可施工，如不抹灰，抗碱能力更佳。

2. 外墙内保温

（1）外墙内保温的优点

优点：主要是通过与外保温的对比得来，主要是由于在室内使用，对饰面和保温材料的防水和耐候性等技术的要求没有外墙外侧应用那么严格，施工简便，造价较低，而且升温（降温）比较快，适合于间歇性采暖的房间使用。

（2）外墙内保温的缺点

缺点：①内保温做法会使内、外墙体分别处于两个温度场，建筑物结构受热应力影响较大，结构寿命缩短，保温层易出现裂缝等；②保温难以避免热桥，使墙体的保温性能有所降低，在热桥部位的外墙内表面容易产生结露、潮湿甚至霉变现象；③采用内保温占用室内使用面积，不便于用户二次装修和在墙上吊挂饰物；④既有建筑进行内保温节能改造时，对居民生活干扰较大；⑤ XPS 板、EPS 板均属于有机材料与可燃性材料，故在室内墙上使用受到限制；⑥严寒和寒冷地区如处理不当，在实墙和保温层的交界面容易出现水蒸气冷凝。

3. 外墙夹心保温

一般以 240 mm 砖墙为外侧墙，以 120 mm 砖墙为内侧墙，内外之间留有空腔，边砌墙边填充保温材料；内外侧墙也可采用混凝土空心砌块，做法为内侧墙 190 mm 厚、外侧墙 90 mm 厚，两侧墙的空腹中同样填充保温材料。保温材料的选择有聚苯板（EPS 板）、挤塑聚苯板（XPS 板）、岩棉、散装或袋装膨胀珍珠岩等。两侧墙之间可采用砖拉接或钢筋拉接，并设钢筋混凝土构造柱和圈梁连接内外侧墙。夹心保温墙对施工季节和施工条件的要求不高，不影响冬季施工。

4. 墙体自保温系统

墙体自保温系统，是指按照一定的建筑构造，采用节能型墙体材料及配套专用砂浆使墙体热工性能等物理性能指标符合相应标准的建筑墙体保温隔热系统。该技术体系具有工序简单、施工方便、安全性能好、便于维修改造和可与建筑物同寿命等特点。

5. 建筑幕墙保温

目前，国内很多公共建筑大量使用建筑幕墙，但建筑幕墙的保温性能较为薄弱，应在设计中采取相应的保温措施。因建筑主体结构和幕墙板之间有一定距离，因此其节能构造做法，可以通过在幕墙板和主体结构之间的空气间层中设置保温层来实现，也可以通过改善幕墙板材料自身的保温性能来实现。如在幕墙板的内部设置保温材料，或者选用幕墙保温复合板。

二、屋面节能技术

（一）屋面保温设计

1. 常用屋面保温材料

屋面保温材料应具有吸水率低、导热系数较小的特点。常用的有以下几种。

（1）松散保温材料

如膨胀蛭石[粒径 3 ~ 15 mm，堆积密度小于 300 kN/m³；导热系数就小于 0.14 W/(m·K)]、膨胀珍珠岩、炉渣和水渣（粒径为 5 ~ 10 mm）、矿棉等。松散保温材料的保温层做法：在散料内部掺入少量水泥或石灰等胶结材料，形成轻混凝土层；待散料保温层铺设完成后，上部应先做水泥砂浆找平，再做防水层。

（2）板块保温材料

最常用的材料是加气混凝土板和泡沫混凝土板。泡沫塑料板价格较贵，只在高级工程中采用；挤塑聚苯板，因其卓越的耐水气渗透能力和隔热保温功能，是倒置式屋面（保温层在防水层之上）的理想建材，也是应用在单层金属屋面的最佳选择；植物纤维板只有在通风条件良好、不易腐烂的情况下采用才比较适宜。板块保温材料的保温层做法：应注意在板块中间的缝隙处用膨胀珍珠岩填实，以防形成冷桥；待板块保温层铺设完成后，上部先用水泥砂浆找平，再做防水层。

（3）保温涂料

如常用的节能隔热保温涂料，这种涂料采用陶瓷空心颗粒为填料，由中空陶粒多组合排列制得的涂膜构成，导热系数为 0.03 W/（m·K），对室内热量可保持 70% 不散失。

2. 平屋面的保温设计

（1）按保温层与屋面板的位置关系分类

分为屋面外保温、屋面内保温、保温层与结构层组合复合板材三种。①屋面外保温，即将保温层铺设在屋面板结构层之上的做法。②屋面内保温，即将保温层铺设在屋面板结构层之下的做法。③保温层与结构层组合成复合板材。这种板材既是结构构件又是保温构件。一般有两种做法：

第一，在槽板内设置保温层。这种做法可以减少施工工序，提高工业化施工水平，但成本偏高。第二，保温材料与结构层融为一体。如加气的配筋混凝土屋面板，这种复合板材构件既能承重，又能达到保温效果，简化施工，降低成本。但其板的承载力较小，耐久性较差，因此适用于标准较低且不上人的屋顶中。

（2）按结构层、保温层与防水层的位置关系分类

分为正置式、倒置式和设有空气间层的保温屋面，其中，正置式和倒置式屋面应用最广泛。

①正置式保温屋面

这是一种传统平屋面的保温做法，即将保温层放在屋面防水层之下、结构层以上的做法。大部分不具备自防水性能的保温材料都可以用这种构造做法。其所用的保温材料，如水泥膨胀珍珠岩、水泥蛭石、矿棉、岩棉等非憎水性材料。这种做法易吸湿导致导热系数大增，所以需要在保温层上下分别做防水层和隔气层来防水。正置式保温屋面容易出现屋面开裂、起鼓、保温效果差等问题。

②倒置式保温屋面

即保温层设在防水层之上，其构造层次自上而下为保温层、防水层、结构层。常见构造做法类型有两种。第一，采用挤塑聚苯乙烯保温隔热板直接铺设在防水层上，再在其上做配筋细石混凝土，如需美观效果，还可做水泥砂浆粉光、粘贴缸砖或广场砖。此做法适用于住人屋面，经久耐用；缺点是施工不当易造成防水层破坏，且屋面漏水时不易维修。

第二，采用现场喷涂硬质发泡聚氨酯保温层，然后抹一层厚 20mm（1 ∶ 2.5）的水泥砂浆，或者涂刷一层防水涂料。优点是施工简便，经久耐用，方便维修。采用憎水性膨胀珍珠岩板块直接铺设在防水层上，其他做法同一，但缺点是不易维修。

（二）平屋面的通风、隔热设计

在南方炎热地区，屋顶的通风、隔热层可以起到为屋顶降温的作用。通风、隔热屋顶的类型有以下几种：

1. 架空屋面

架空屋面，是采用防止直接照射屋面上表面的隔热措施的一种平屋面，其基本构造做法是在卷材、涂膜防水屋面或倒置式屋面上做支墩（或支架）和架空板。架空屋面的构造要点包括：①架空屋面的屋面坡度不宜大于 5%，一般在 2% ~ 5%；②架空层的层间高度一般为180 ~ 300 mm，可视屋面的宽度和坡度大小由工程设计确定，纤维水泥架空板凳架空 200 mm；③当屋面深度方向宽度大于 10 m 时，在架空隔热层的中部应设通风屋脊（即通风桥）；④架空屋面的架空层应有无阻滞的通风进出口，架空层的进风口应设置在当地炎热季节最大频率风向的正压区并应设置带通风算子的格栅板，出风口应设置在负压区；⑤架空板与女儿墙之间应留出不小于架空层空间高度的空隙，一般不小于 250 mm，考虑到靠近女儿墙处的屋面排水反坡与清扫，建议架空板与女儿墙之间空隙加大至 450 ~ 550 mm；⑥支墩、架空板等架空隔热制品的质量应符合有关材料标准要求。

2. 通风顶棚隔热屋顶

通风顶棚隔热屋顶，即在结构层下做吊顶棚，利用顶棚与结构层之间的空气做通风隔热层，并在檐墙上设一定数量的通风孔来换气、散热。

3. 反射隔热降温屋顶

在太阳辐射最强的中午时间，深暗色平屋面仅反射 30% 的日照，而非金属浅色的坡屋面至少能反射 65% 的日照。反射隔热降温屋顶，是指反射率高的屋顶，提高屋顶的日射反射率，减少太阳热量的吸收，从而达到降低空调冷负荷、控制"热岛"现象、保护臭氧层的作用。其常见类型包括：①屋顶反射降温隔热屋顶，屋顶刷铝银粉或采用表面带有铝箔的卷材；②绝热反射膜屋顶，屋顶铺设铝钛合金气垫膜，可阻止 80% 以上的可见光；③降温涂料屋顶，通过热塑性树脂或热固性树脂与高反射率的透明无机材料制成热反射涂料来降温。

（三）种植屋面

1.屋顶绿化与种植屋面的概念

（1）屋顶绿化

通俗定义是一切脱离了地面的种植技术，它的涵盖面不单单是屋顶种植，还包括露台、天台、阳台、墙体、地下车库顶部、立交桥等一切不与地面自然土壤相连接的各类建筑物和构筑物的特殊空间的绿化。这种通过一定技艺，在建筑物顶部及一切特殊空间建造绿色景观的形式，是当代园林发展的新亮点、新阶段。

（2）种植屋面

特指人们根据建筑屋顶的结构特点、荷载和屋顶上的生态环境条件，选择生长习性与之相适应的绿色植被或花草，种植或覆盖在屋面防水层上，并配有排水设施，起到隔热及保护环境作用的屋面，它既可使屋面具备冬季保温、夏季隔热的作用，又可净化空气、阻噪吸尘、增加氧气，还可以营造出休闲娱乐、高雅舒适的休闲空间，提高人居生活品质。

2.种植屋面的分类

（1）按种植介质

分为有土种植和无土种植（蛭石、珍珠岩、锯末）。

（2）按种植的植物种类与复合层次

①简单式种植屋面

简单式种植屋面也叫草坪式屋顶绿化或轻型屋顶绿化，是以草坪为主，配置多种地被和花、灌木等植物，结合步道砖铺装出图案。轻型屋顶绿化对屋顶负荷要求低、管理简便、养护费用低廉；讲求景观色彩，能同时达到生态和景观两个效果；没有渗水烦恼，对原有防水层起到保护和延长使用寿命的作用，因而是目前采用面积最大的屋顶绿化方式。

②花园式种植屋面

种植以乔灌花草、地被植物绿化、假山石水，并与亭台廊榭合理搭配组合，点缀以园艺小品、园路和水池、小溪等，它是近似地面园林绿地的复合型屋顶绿化，可提供人们进行休闲活动。花园式种植屋面应采用先进的防水阻隔根、蓄排水新技术，使用较少的硬铺装，且要严守建筑设计荷载的允许原则。

（四）种植坡屋顶

坡屋顶建筑包括从屋顶延伸到地面的倾斜式屋面建筑和传统坡屋顶建筑。相对于平屋顶种植屋面，坡屋顶种植屋面具有增大绿化面积、延伸景观、丰富建筑形态、美化城市环境等特点。坡屋面绿化还可以与平屋顶绿化一样，调节屋顶温度和空气湿度、提高建筑保温效能、降低能耗、减尘降噪，缓解城市热岛效应。

（五）"太阳能与建筑一体化"节能屋顶

1. "太阳能与建筑一体化"的概念

"太阳能与建筑一体化"属于一项综合性技术，其实施方式主要有：①太阳墙、光伏组件与建筑墙体一体化；②光伏组件与市政供电系统并网；③太阳能热泵集热装置与建筑屋顶一体化；④太阳能一体化设计中与之相配合的建筑保温设计。"太阳能集热屋顶"是利用太阳能集热器替代屋顶覆盖层或替代屋顶保温层，既消除了太阳能对建筑物形象的影响，又避免了重复投资，降低了成本。

2. "太阳能集热屋顶"的常用材料

（1）普通太阳电池组件

普通太阳电池组件可以在普通流水线上大批量生产，成本低、价格便宜，既可以同建筑结合起来使用，又可以安装在大型支架上形成大规模太阳能发电站。施工时通过装配件把它同周围建筑材料结合起来，组件之间和组件与建材之间的间隙需要另行处理。其缺点是无法直接代替建筑材料使用，太阳电池组件与建材重叠使用造成浪费，施工成本高。

（2）建材型太阳电池组件

建材型太阳电池组件是生产厂把太阳电池芯片直接封装在特殊建材上的组件，设计有防雨结构，施工时按模块方式拼装，集发电功能与建材功能于一体，施工成本低。但由于须适应不同的建筑尺寸，很难在同一条流水线上大规模生产，有时甚至需要手工操作生产，以至于生产成本较高。

三、门窗节能技术

（一）节能门窗的材料及做法

1. 节能门窗的框材

门窗框一般占窗面积的 20% ~ 30%，门窗框型材的热工性能和断面形式是影响门窗保温性能的重要因素之一。框是门窗的支撑体系，由金属型材、非金属型材和复合型材加工而成，金属与非金属的热工特性差别很大，应优先选用热阻大的型材。

从保温角度看，型材断面最好设计为多腔框体，多道腔壁对通过的热流起到多重阻隔作用。但金属型材（如铝型材）虽然也是多腔，保温性能并不理想。为了减少金属框的传热，可采用铝窗框做断桥处理，并采用导热性能低的密封条等措施，以降低窗框的传热，提高窗的密封效果。

2. 节能门窗的玻璃

（1）中空玻璃

其单片玻璃 4 ~ 6 mm 厚，中间空气层的厚度一般以 12 ~ 16 mm 为宜。在玻璃间层内填充导热性能低的气体，因而能极大地提高中空玻璃的热阻性能，控制窗户失热，以降低整窗的传热系数值。中空玻璃与普通玻璃相比，其传热系数至少可以降低 50%，所以中空玻璃目前是一种比较理想的节能玻璃。

（2）热反射镀膜中空玻璃

热反射镀膜中空玻璃是在玻璃表面镀上一层或多层金属、非金属及其氧化物薄膜，具有将其反射回大气中而阻挡其进入室内的目的，从而降低玻璃的遮阳系数。热反射玻璃的透过率要小于普通玻璃，6 mm 厚的热反射镀膜玻璃遮挡住的太阳能比同样厚度的透明玻璃高出一倍。所以，在夏季白天和光照强的地区，热反射玻璃的隔热作用十分明显。

（3）Low-E 玻璃

Low-E 玻璃即低辐射镀膜玻璃，是利用真空沉积等技术，在玻璃表面沉积一层低辐射涂层，一般由若干金属或金属氧化物和衬底层组成。与热反射镀膜玻璃一样，Low-E 玻璃的阳光遮挡效果也有多种选择，而且在同样可见光透过率情况下，它比热反射镀膜玻璃多阻隔太阳热辐射 30% 以上；与此同时，Low-E 玻璃具有很低的 U 值（传热系数），故无论白天或夜晚，它同样可阻止室外热量传入室内，或室内的热量传到室外。

（4）真空玻璃

真空玻璃是将两片平板玻璃四周密封起来，将其间隙抽成真空并密封排气口，其工作原理与玻璃保温瓶的保温隔热原理相同。标准真空玻璃夹层内的气压一般只有几帕，因此，中间的真空层将传导和对流传递的热量降至很低，以至于可以忽略不计，因此，这种玻璃具有比中空玻璃更好的隔热保温性能。标准真空玻璃的传热系数可降至 1.4 W/（m·K），是中空玻璃的 2 倍，但目前真空玻璃的价格是中空玻璃的 3 ~ 4 倍。

3. 节能窗户的层数

节能窗可以是单层窗也可以是双层窗，在高纬度严寒地区甚至可能采用三层窗。

4. 提高门窗的气密性

窗户的气密性与开启方式、产品质量和安装质量相关，窗型选择尽量考虑"固定窗→平开窗→推拉窗"的顺序。平开窗的通风面积大，由于工艺要求，型材设计接缝严密，气密性能远优于推拉窗。应选用合格的型材和优质配件，减小开启缝的宽度，达到减少空气渗透的目的。

为提高外门窗气密水平，全周边应采用高性能密封技术，以降低空气渗透热损失，提高气密、水密、隔声、保温和隔热等性能，要重点考虑密封材料、密封结构及室内换气构造。密封条和密封毛条应考虑耐老化性。

（二）常见节能门窗的类型

1. 铝塑共挤门窗

铝塑共挤门窗使用铝塑共挤门窗的房间比使用木门窗的房间冬季室内温度可提高4～5 ℃；铝塑共挤门窗将美观性与实用性融为一体，颜色多样、价位合理、开启功能多样、节能保温性能好、使用寿命长，门窗性能远非其他门窗可比，具有良好的性价比，适合现代家庭装饰和不同消费群体，值得大力推广应用。

2. 断桥隔热铝合金节能门窗

断桥隔热铝合金节能门窗是在铝型材中间穿入隔热条，将铝型材室内外两面隔开形成断桥，所以又称其为"断桥隔热铝合金"门窗。其型材表面的内外两侧可做成不同颜色，装饰色彩丰富，适用范围广泛。

3. 铝木（或木铝）复合节能门窗

铝木（或木铝）复合节能门窗是在保留纯实木门窗特性和功能的前提下，将经过精心设计的隔热（断桥）铝合金型材和实木通过特殊工艺、机械方法复合而成的框体。两种材料通过高分子尼龙件连接，充分照顾了木材和金属收缩系数不同的属性。铝木复合节能门窗强度高、色彩丰富、装饰效果好、耐候性好。适合于各种天气条件和不同的建筑风格，使建筑物外立面风格与室内装饰风格得到了完美的统一。

四、楼地面节能技术

（一）层间楼板节能设计

层间楼板节能设计，可以采用保温层直接设置在楼板表面上或者楼板底面。保温层宜采用硬质挤塑聚苯板、泡沫玻璃等板材，或强度符合要求的保温砂浆，也可以采取铺设木龙骨（空铺）或无木龙骨的实铺木地板来达到保温效果。

（二）底是地面节能设计

1. 一般保温地面的类型

（1）不采暖地下室上部地面

应在地下室上部设计吊顶铺岩棉保温板，可满足节能要求，而且防水性能也较好。

（2）接触室外自然的地面

应做松散的保温板材、板状或整体保温材料。位置包括：①接触室外空气的地面，如外挑部分、过街楼、底层架空的楼面；②直接接触土壤的周边地面，从外墙内侧算起 2.0 m 范围内的地面。

2. 低温辐射地板采暖系统

低温辐射地板采暖系统近几年在很多建筑中开始应用，这种采暖方式具有舒适、节能、环保等优点，有利于提高室内舒适度以及改善楼板保温隔热性能。低温辐射地板采暖系统室内地表温度均匀，室温由下而上随着高度的增加逐步下降，这种温度曲线正好符合人的生理需求，给人以脚暖头凉的舒适感受。

第二节　绿色建筑的可再生能源利用技术

一、太阳能建筑及技术

（一）被动式太阳能建筑及技术

1. 被动式太阳能建筑设计的基本原则

（1）合理的选址

建筑选址应遵循争取冬季最大日照原则；结合当地气候条件，合理布局建筑群，在建筑周边形成良好的风环境；并通过改造建筑周边自然环境以改善建筑周边微气候。

（2）合理的朝向

建筑朝向选择的原则是冬季尽量增加热量，夏季尽量减少热量。

（3）通过遮阳调节太阳的热量

冬季尽量多获取阳光和夏季减少阳光的照射是个矛盾的问题，因此，可设计合理的遮阳设施加以解决。

（4）在适当位置设置蓄热体

蓄热体的作用是减小室内温度波动，提高环境舒适性。蓄热体可分为原有蓄热体和附加蓄热体两类。

（5）墙体、屋面、地板和门窗的保温

保温材料在冬季可以减少热量的损失，夏季又可以减少热量的吸收。在被动式太阳能建筑中，是减少室内负荷、提高太阳能保证率的重要措施。

（6）封闭空间应有一定的空气流通

提高房间的密封性来减少空气渗透，是重要的节能手段，但同时也会造成室内空气质量的下降。

（7）提供高效、适当规模、适应环境的辅助加热系统

太阳能的特点之一是不稳定性。通常按一定的太阳能保证率进行太阳能利用系统的设计，然后加以辅助加热装置，可以寻求到投资和资源利用的平衡点。

2. 被动式太阳能建筑基本集热方式

（1）直接受益式

阳光射入室内后，首先使地面和墙体温度升高，进而以对流和热辐射作用加热室内空气和其他围护结构，另外一部分热量被储存在地面和墙体中，待夜间缓慢释放出来维持室内空气温度。此种方式利用南立面的单层或多层玻璃作为直接受益窗，利用建筑围护结构进行蓄热。

采用该方式需要注意以下几方面的问题：首先，建筑朝向在正南 ±30° 以内，以利于冬季集热；其次，需要充分考虑所处地区的气候条件，根据建筑热工条件选择适宜的窗口面积、玻璃层数、玻璃种类、窗框材料和结构参数；再次，为减小夜间通过窗结构引起的对流和辐射损失，需要采用保温帘等做好夜间保温措施；最后，为避免引起夏季室内过热或增加制冷负荷，该方式宜与遮阳板配合使用。

（2）集热蓄热墙式

集热蓄热墙易与建筑结构相结合，不占用室内可用面积。与直接受益窗结合，可充分利用南墙集热。集热蓄热墙在设计时，需要注意以下几方面的问题：第一，需要综合考虑建筑性质和结构特点，选择合适的立面组合形式；第二，根据性能、成本、使用环境的条件，选择适宜的玻璃墙材料和层数，以及选择性吸收涂层的材料；第三，综合功能性和经济性分析，选择合理的蓄热墙材料和厚度；第四，选择适宜的空气间层厚度与通风孔位置及开口面积，确保空气流通顺畅；第五，合理确定隔热墙体的厚度，避免夏季增加过多的空调负荷，或冬季保温性能差的问题；第六，集热蓄热墙应该便于操作，方便安装和维修。

（3）附加阳光间式

用墙或窗将室内空间隔开，向阳侧与玻璃幕墙组成附加阳光间，其结构类似于被横向拉伸的集热蓄热墙。附加阳光间可以结合南廊、入口门厅、封装阳台等设置，增加了美观性与实用性。由于可用面积较大，可用于栽培花卉或植物，因此也被称为"附加温室式太阳房"。

附加阳光间在设计时，需要注意以下几方面的问题：首先，合理确定玻璃幕墙的面积和层数，以充分利用太阳能资源，夜间须做好保温工作；其次，夏季应该采取有效的遮阳与通风措施，减少室内空调负荷；最后，合理组织附加阳光间与室内空气循环流动，防止在阳光间顶部出现"死角"。

（4）屋顶蓄热池式

在屋顶安设吸热蓄热材料作为蓄热池，冬季时白天蓄热材料吸收太阳辐射并蓄热，通过屋顶结构以类似辐射采暖的方式将热量传向室内，夜间需要盖上保温盖板，减少蓄热体向周围环境的辐射和对流换热，靠蓄热向室内供热。夏季时，夜晚使蓄热池暴露于空气中，将热量散发于环境中，白天盖上保温盖板，屋顶结构就可以以辐射供冷的方式降低室内温度。

（5）对流环路式

集热器通过风道与室内房间及蓄热床相通，被加热的空气可直接送入室内房间或通过蓄热床储存，以便需要时再进行放热。由于结构特性，空气集热器安装高度低于蓄热结构，而蓄热床一般布置在房间地面下方，因此，集热器一般安装于南墙下方，比较适合存在一定斜度的南向坡地上的建筑使用。

3.被动式降温设计

和被动式采暖一样，太阳能建筑的夏季冷负荷也可通过被动式降温设计加以解决。通过精良的建筑设计、良好的建筑施工，以及合适的材料选择，可以使所有地区的建筑实现通风降温，大幅度减小夏季的空调冷负荷，起到明显的节能效果。

4.蓄热体设计

（1）蓄热体的作用与要求

在被动式太阳能建筑中，蓄热体的作用是吸收太阳辐射的热量并将部分热量储存起来，白天起到减小室温随太阳辐照波动，稳定室温的作用，夜间可起到释放白天吸收的热量向室内供热，起到延迟放热的作用。

（2）蓄热材料的分类

蓄热材料按材料在吸热释热前后是否发生相变可分为显热蓄热材料和相变蓄热材料两类。显热蓄热是指通过物质温度的上升或下降来吸收或释放热量，在此过程中物质的形态没有发生变化。建筑设计中常用的显热蓄热材料有水、混凝土、沙、砖、卵石等。其中，以水为蓄热材料在太阳能利用领域中最为常见。

（3）相变蓄热材料的种类

无机相变材料，主要有结晶水合盐、熔融盐、金属或合金。结晶水合盐是中、低温相变蓄热材料中常用的材料。有机相变材料，主要有石蜡、脂肪酸、某些高级脂肪烃、源、某些聚合物等有机物。复合相变蓄热材料是指相变材料和高熔点支撑材料组成的混合蓄热材料，它不需要封装容器，减少了封装的成本和难度，减小了容器的传热热阻，有利于相变材料与传热流体之间的换热。

（4）相变蓄热材料的选用原则。

相变材料以其优异的储热密度和恒温性能，得到人们越来越多的关注。理想的相变蓄热材料应具备以下性质。

①热力学性能。有适当的相变湿度；具有较大的相变潜热；具有较大的导热和换热系数；相变过程中体积变化小。②动力学性能。凝固过程中过冷度没有或很小，或很容易通过添加成核添加剂得以解决；有良好的相平衡特性，不会产生相分离。③化学性能。化学性质稳定，以保证蓄热材料较长的使用寿命；对容器无腐蚀作用；无毒、不易燃易爆、对环境无污染。④经济性能。制取方便，来源广泛，价格便宜。

（5）蓄热体设计要点

①墙、地面等蓄热体应采用比热容较大的物质，如石、混凝土等，或采用相变蓄热材料或水墙。蓄热体表面不应铺设地毯、壁毯等附着物，以免蓄热结构失效。②直接接受太阳能辐射的墙或地面应采用蓄热体。蓄热体地面宜采用黑色表面，以利于增大对可见光的吸收率。③利用砖石材料作为蓄热材料的墙体或地面，其厚度宜在 100 ~ 200 mm。以水墙为蓄热体时，应尽量增大其换热面积。④对于不同的被动式太阳能建筑，需要采取不同的保温方式用于夜间保温，减少蓄热体的对流和辐射损失。

（二）太阳能与建筑一体化技术

1. 光热建筑一体化技术

（1）太阳能集热器的安全性要求

①充分考虑建筑结构特点，确保所选安装位置有足够的荷载承受能力，预埋件有合理的结构和足够的强度。集热器在使用过程中，若发生脱落甚至高空跌落事件，可能造成非常严重的灾难性后果。因此，在建筑设计阶段应合理安排预埋件的位置，确保安装稳定牢固。②太阳能集热器有避雷保护。太阳能集热器中使用了大量的金属材料，且位于室外使用，若没有防雷保护措施，则雷电可能会沿管路进入室内，威胁用户的人身安全。因此，集热器及与其连接的金属管路也应接入建筑防雷系统中。③集热器与屋面结合时，需要结合排水进行设计，以保证屋面正常排水，避免积水对集热器和屋面造成不良影响。④集热器周围应尽量留出一定的维修空间，方便进行养护和维修。

（2）太阳能与建筑的具体结合方式

①太阳能集热器与平屋顶结合。在平屋顶上安装太阳能集热器是最简单的一种方式，太阳能集热部件与建筑结构相关性较小，设计难度最低，一般不对建筑外观构成不良影响。

②太阳能集热器与坡屋顶相结合。将太阳能集热器安装于南向坡屋顶上，在设计时就要充分考虑太阳能组件的安装需要，倾角可由集热器倾角决定，以减小设计和安装的难度，提高建筑外观美感。③太阳能集热器与遮阳板相结合。采用此种方法时需要注意，集热器尺寸的计算和选择要兼顾冬季采光的要求，一般集热面积不大，管路在屋顶布置时还需要考虑室内美观方面的要求。④太阳能集热器与墙面结合。此种方法可解决屋顶可用采光面积不足的问题，适合高层建筑用户使用，一般安装于建筑南立面的窗间、窗下等位置。

2. 光伏建筑一体化技术

（1）太阳能光伏建筑一体化的设计要点

①建筑所处的地理位置和气象条件

这些是建筑设计和太阳能利用系统都需要考虑的原始资料，因此在一体化设计过程中，需要针对特定的自然条件分别进行建筑结构和太阳能光伏组件的设计，然后将建筑作为整体，分别校核建筑结构与光伏组件是否满足相应的设计要求，若不满足则需要返回进行修正并重新校核。对于高度较高的建筑，要特别注意风压对光伏组件安全性的影响。

②建筑朝向及周边环境

光伏一体化设计的建筑宜采取朝南或南偏东的方向。处于建筑群中的建筑，应根据周围建筑的高低、间距等计算适宜布置光伏组件的最低位置，并在最低位置以上设计和安装光伏组件。对于较低处易于被建筑、绿化等遮挡或日照时数较少的位置则不适合布置光伏组件。

③建筑的功能、外形和负荷要求

建筑一体化设计的任务之一就是将光伏系统与建筑外表面进行综合考虑和设计，提高建筑整体的协调性与视觉效果，做到功能与外观的协调与统一，并尽量做到避免产生遮挡光伏组件的情况。同时，还要了解负载的类型、功率大小、运行时间等，对负载做出准确的估算。

④光伏组件的计算与安装

综合考虑建筑的外观、结构等因素，选择适宜的安装位置与角度。光伏组件发生很小的遮挡也会对整体性能产生很大的影响，因此在设计阶段要特别注意光伏组件的安装位置和角度的选择，并据此设计支架或固定结构。

⑤配套的专业设计

太阳能光伏电池组件除需要满足自身性能及安全性要求外，在进行光伏建筑一体化设计过程中，还需要结合建筑整体进行建筑结构安全、建筑电气安全的分析和设计，满足建筑整体上的防火、防雷等安全要求，实现真正意义的光伏建筑一体化。

（2）光伏建筑一体化的建筑设计规划原则

①与太阳能利用一体化的建筑，其主要朝向宜朝南（以北半球为例），不同朝向的系统发电效率不同，因此要结合当地纬度条件和建筑体形及空间组合，为充分利用太阳能创造有利条件。②与太阳能光伏一体化设计的建筑群，建筑间距应满足该地区的日照间距的要求，在规划中建筑体的不同方位、体型、间距、高低及道路网的布置，广场绿地的分布等都会影响到该地区的微气候，影响建筑的日照、通风和能耗。③在光伏一体化建筑周围设计景观设施及周围环境配置绿化时，应避免对投射到光伏组件上的阳光造成遮挡。④建筑规划时要综合考虑建筑的地理位置、气候、平均气温、降雨量、风力大小等因素，建筑物本身和所在地的特点共同决定光伏组件的安装位置与方式，及对系统的性能和经济性产生影响。

（3）光伏建筑一体化的建筑美学设计

所谓建筑一体化设计，不仅仅指结构上的一体化设计，还需要考虑建筑美学因素，从而实现功能与外观的完美统一。下面主要探讨光伏系统在建筑外表面的设计中需要考虑的一些因素。

①与建筑的有机结合

要使光伏组件与建筑有机结合在一起，需要在建筑设计的开始阶段，就把光伏组件作为建筑的一个有机组成部分进行共同设计，将光伏组件融入建筑设计中，从色彩和风格等方面做到完美的统一。

②增加建筑的美感

光伏组件通常被安装在建筑外表面的突出部分，以避免建筑结构在其上产生阴影，因此它们是最容易被看到的。在光伏组件的选择上，单晶硅、多晶硅和非晶硅在视觉上产生不同的效果，光伏组件的几何特性、颜色和装饰系统等美学特点也会影响建筑的整体外观，通过变换太阳能电池的种类和位置，可以获得不同颜色、光影、反射度和透明度等令人惊奇的效果。

③合适的比例和尺度

光伏组件的比例和尺度应符合建筑的比例和尺度特性，这将对光伏单体组件的尺寸选择产生影响。

④文脉

建筑文脉强调单体建筑是群体建筑的一部分，注重建筑在视觉、心理、环境上的沿承性。在光伏建筑一体化设计方面，文脉就体现在光伏组件与建筑性格的吻合上。建筑性格是一种表达建筑物的同类性的特性，一个建筑的性格，是建筑物中那些显而易见的所有特点综合起来形成的。

二、空调冷热源技术

（一）空调冷热源技术

1. 常用冷热源方式的选择

常用的冷热源方式主要有电动式制冷机组加锅炉、溴化锂吸收式制冷机加锅炉、直燃式溴化锂吸收式制冷机组、电动式制冷机组加锅炉加冰蓄冷系统。在不同环境条件下如何合理选择空调冷热源，可以分别从系统性能、能耗、初投资和运行费用、技术先进程度、环境友好性、适用条件等方面进行分析比较，达到经济合理、技术先进、减少能耗的目的。

2. 绿色建筑能源系统

绿色建筑能源系统设计应在能满足建筑功能需求的前提下，充分考虑围护结构以及外界气候条件等因素，充分利用自然能源和低品位能源以满足建筑内部对于节能和舒适方面的需求。在暖通空调技术方面，实际工程中广泛应用的常规技术普遍存在一些不足，这就促使绿色建筑能源系统设计向更加节能和环保的方向发展。绿色建筑的能源系统设计是一项复杂的系统工程，需要建筑设计师和设备工程师通力合作，才能创造出各种类型的各具特色的绿色建筑。

3. 空调冷热源新技术

（1）太阳能的开发和利用

太阳能。作为一种清洁无污染、取之不尽用之不竭的可再生能源，太阳能在建筑能源系统中有广泛的应用并且历史悠久。除了太阳能热水技术以外，太阳能利用在建筑能源系统中主要有太阳能采暖和太阳能制冷。此外，近年来利用太阳能的热驱动强化过渡季节室内通风的降温形式也引起人们的关注。

时至今日，研究者已在这一领域进行了大量工作，提出多种技术，而以热制冷最受青睐，主要方式有：太阳能吸收式制冷、太阳能喷射式制冷和太阳能吸附式制冷。

①太阳能直接供热系统利用集热器蓄积的热量满足建筑热负荷，系统主要包括集热器、蓄热水箱、循环水泵末端设备等部件。蓄热水箱可以储存太阳能，同时将室内采暖系

统的进水温度稳定在一个较小的波动范围内。

②太阳能吸收式制冷。吸收式制冷是利用溶液浓度的变化来获取冷量的装置，即制冷剂在一定压力下蒸发吸热，再利用吸收剂吸收制冷剂蒸气。自蒸发器出来的低压蒸气进入吸收器并被吸收剂强烈吸收，吸收过程中放出的热量被冷却水带走，形成的浓溶液由泵送入发生器中被热源加热后蒸发产生高压蒸气进入冷凝器冷却，而稀溶液减压回流到吸收器完成一个循环。

③太阳能吸附式制冷。吸附式制冷系统由吸附床、冷凝器、蒸发器和节流阀等构成，工作过程由热解吸和冷却吸附组成，基本循环过程是利用太阳能或其他热源，使吸附剂和吸附质形成的混合物在吸附床中发生解吸，放出高温高压的制冷剂气体进入冷凝器，冷凝出来的制冷剂液体由节流阀进入蒸发器。制冷剂蒸发时吸收热量，产生制冷效果，蒸发出来的制冷剂气体进入吸附发生器，被吸附后形成新的混合物（或络合物），从而完成一次吸附制冷循环过程。

④太阳能喷射式制冷。喷射式制冷系统制冷剂在换热器中吸热后汽化、增压，产生饱和蒸气，蒸气进入喷射器，经过喷嘴高速喷出膨胀，在喷嘴附近产生真空，将蒸发器中的低压蒸气吸入喷射器，经过喷射器出来的混合气体进入冷凝器放热、凝结，然后冷凝液的一部分通过节流阀进入蒸发器吸收热量后汽化，这部分工质完成的循环是制冷循环。另一部分通过循环泵升压后进入换热器，重新吸热汽化，所完成的循环称为喷射式制冷循环，系统中循环泵是运动部件，系统设置比吸收式制冷系统简单，运行稳定，可靠性较高。缺点是性能系数较低。

（2）冷热电联产（CCHP）

冷热电联产（Combined Cooling Heating and Power，CCHP）是一种建立在能量梯级利用概念基础上，把制冷、供热（采暖和卫生热水）和发电等设备构成一体化的联产能源转换系统，其目的是为了提高能源利用率，减少需求侧能耗，减少碳、氮和硫氧化合物等有害气体的排放，它是在分布式发电技术和热能动力工程技术发展的基础上产生的，具有能源利用率高和对环境影响小的优点。典型 CCHP 系统一般包括动力系统和发电机（供电）、余热回收装置（供热）、制冷系统（供冷）等。针对不同的用户需求，系统方案的可选择范围很大，与之有关的动力设备包括微型燃气轮机、内燃机、小型燃气轮机、燃料电池。CCHP 机组形式灵活，适应范围广，使用时可灵活调配，优化建筑的能源利用率与利用方式。

（3）楼宇冷热电联产（BCHP）

楼宇冷热电联产（Building Cooling Heating Power，BCHP），是由一套系统解决建筑物电、冷、热等全部需要的建筑能源系统。BCHP 可以是为单个建筑提供能源的较小型系统，也可以是为区域内多个建筑提供能源的分布式能源系统。

楼宇热电冷联产系统中余热型吸收式冷温水机组使得冷热电联产系统大大简化，与燃气发电机组进行"无接缝"组合，大幅度提高了能源利用率。

（4）热泵技术

热泵就是靠高位能驱动，使热能从低温热源流向高温热源，将不能直接利用的低品位热能转换为可利用的高品位热能，是直接燃烧一次能源而获取热量的主要替代方式。

空气源热泵利用空气作为冷热源，直接从室外空气中提取热量为建筑供热，应是住宅和其他小规模民用建筑供热的最佳方式，但它运行条件受气候影响很大，目前空气源热泵仍存在两大技术难点：一是当室外温度在 0 ℃左右时，蒸发器的结霜问题；二是为适应外温在 –10 ~ 5 ℃范围内的变化，需要压缩机在很大压缩比的范围内都具有良好的性能。

（5）蓄冷空调技术

蓄冷空调就是利用夜间电网低谷时的电力来制冷，并以冰／冷水的形式把冷量储存起来，在白天用电高峰时释放冷量提供给空调负荷。蓄冷空调技术是转移高峰电力，开发低谷用电，优化资源配置，保护生态环境的一项重要技术措施。

蓄冷空调系统的技术路线有两条：全负荷蓄冷和部分负荷蓄冷。全负荷蓄冷是将用电高峰期的冷负荷全部转移至电力低谷期，全天冷负荷均由蓄冷冷量供给，用电高峰期不开制冷机。部分负荷蓄冷是只蓄存全天所需冷量的一部分，用电高峰期间由制冷机组和蓄冷装置联合供冷，这种方法所需的制冷机组和蓄冷装置的容量小，设备投资少。

（6）温湿度独立控制空调系统

温湿度独立控制空调系统，可以分为温度控制系统和湿度控制系统两个部分，分别对温度和湿度进行控制。与常规空调系统相比它可以满足不同房间热湿比不断变化的要求，避免了室内相对湿度过高或者过低的现象，同时采用温度与湿度两套独立的空调控制系统，分别控制室内的温度与湿度，避免了常规空调系统中热湿联合处理所带来的能量损失，能够更好地实现对建筑热湿环境的调控，并且具有较大的节能潜力。

（7）吸附式制冷

吸附制冷作为一种可有效利用低品位能源且对环境友好的制冷技术。吸附式制冷利用吸附剂对某种制冷剂气体的吸附能力随温度不同而不同，加热吸附剂时解析出制冷剂气体，进而凝为液体；而在冷却吸附时，制冷剂液体蒸发，产生制冷作用。吸附式热泵制冷剂为水等非氟系工质，可利用太阳能、工业余热或地热资源作为驱动热源，从而缓解传统压缩式空调带来的城市"热岛"污染和对大气臭氧层的破坏，符合当前环保要求。并且吸附制冷成功地将制冷需要与能量回收和节能结合起来，但目前技术仍不成熟。

（8）空气冷热源技术

空气作为冷热源，其容量随着室外环境温度和被冷却介质的变化而变化。作为一种普遍存在的自然资源，空气在任何时间、任何地点都存在，其可靠性极高，但其容量和品位随时间变化，稳定性为Ⅱ类。在夏季需要供冷和冬季需要供热时，空气均为负品位，需要经过热泵技术提升之后才能工作，而在过渡季节，则为正品位或零品位，可以直接利用。由于空气具有流动性，因此，其可再生性和持续性都极好，空气源设备运行过程中对环境产生的影响主要在于噪声和冷凝热的释放问题，前者可以通过技术手段解决，后者则可以通过热回收技术在一定程度上缓解，在技术上不存在困难。总体来讲，空气作为冷热源，其环境友好性为良好。

第三节 绿色建筑的雨污再利用技术

一、雨水利用技术

（一）雨水利用方式

根据用途不同，雨水利用分为直接利用（回用）、雨水间接利用（渗透）、雨水综合利用等。

1. 雨水收集回用系统

一般分为收集、存储和处理供应三个部分。该系统又可分为单体建筑物分散系统和建筑群集中系统，由雨水汇水区、输水管系、截污装置、储存、净化和配水等几部分组成。有时还设渗透设施与储水池的溢流管相连，使超过存储容量的溢流雨水渗透。

2. 入渗系统

该系统包括雨水收集、入渗等设施。根据渗透设施的不同，分为自然渗透和人工渗透；按渗透方式不同，分为分散渗透技术和集中回灌技术两大类。分散渗透设施易于实施，投资较少，可用于住宅区、道路两侧、停车场等场所。集中式渗透回灌最大，但对地下水位、雨水水质有更高的要求，使用时应采取预处理措施净化雨水，同时对地下水质和水位进行监测。

3. 调蓄排放系统

该系统用于有防洪排涝要求、要求场地迅速排干但不得采用雨水入渗系统的场所，并设有雨水收集、储存设施和排放管道等设施。在雨水管渠沿线附近有天然洼地、池塘、景观水体，可作为雨水径流高峰流量调蓄设施，当天然条件不满足时，可在汇水面下游建造室外调蓄池。

（二）雨水利用技术措施

1. 雨水收集与截污措施

（1）屋面雨水收集截污

①截污措施。可在建筑物雨水管设置截污滤网，拦截树叶、鸟粪等大的污染物，须定期进行清理。②初期弃流措施。屋面雨水一般按 2～3 mm 控制初期弃流量，目前，国内市场已有成形产品。在住宅小区或建筑群雨水收集利用系统中，可适当集中设置装置，避免过多装置导致成本增加和不便于管理。③弃流池。按所需弃流雨水量设计，一般用砖砌、混凝土现浇或预制。可设计为在线或旁通方式，弃流池中的初期雨水可就近排入市政污水管；小规模弃流池在水质、土壤及环境等条件允许时也可就近排入绿地消纳净化。

（2）其他汇水面雨水收集截污

路面雨水明显比屋面雨水水质差，一般不宜收集回用。新建的路面、污染不严重的小区或学校球场等，可采用雨水管、雨水暗渠、雨水明渠等方式收集雨水。水体附近汇集面的雨水也可利用地形通过地表径流向水体汇集。

①截污措施

利用道路两侧的低绿地和在绿地中设置有植被的自然排水浅沟，是一种很有效的路面雨水收集截污系统。路面雨水截污还可采用在路面雨水口处设置截污挂篮，也可在管渠的适当位置设其他截污装置。

②路面雨水弃流

可以采用类似屋面雨水的弃流装置，一般为地下式。由于高程关系，弃流雨水的排放有时需要使用提升泵。一般适合设在径流集中、附近有埋深较大的污水井，以便通过重力流排放。

③植被浅沟通过一定的坡度和断面自然排水

表层植被能拦截部分颗粒物，小雨或初期雨水会部分自然下渗，收集的径流雨水水质沿途得以改善，是一种投资小、施工简单、管理方便的减少雨水径流污染的控制措施。道路雨水在进入景观水体前先进入植被浅沟或植被缓冲带，既达到利用雨水补充景观用水的目的，又保证了水体的水质。须根据区域条件综合分析，因地制宜设置。

2. 雨水处理与净化技术

（1）常规处理

雨水沉淀池（兼调蓄）可按传统污水沉淀池的方式进行设计，如采用平流式、竖流式、辐流式、旋流式等，多建于地下，一般采用钢筋混凝土结构、砖石结构等。较简易的方法是把雨水储存池分成沉沙区、沉淀区和储存区，不必再分别搭建。沉淀池的停留时间长，因此其容积比沉沙池大。为利于泥沙和悬浮物沉淀、排除，一般将沉淀池和沉沙池底部做成斜坡或凹形。有条件时，可利用已有水体做调蓄沉淀之用，可大大降低投资。

根据雨水的用途，考虑消毒处理。与生活污水相比，雨水的水量变化大，水质污染较轻，具有季节性、间断性、滞后性等特点，因此宜选用价格便宜、消毒效果好、维护管理方便的消毒方式。建议采用最为成熟的加氯消毒方式，小规模雨水利用工程也可考虑紫外线消毒或投加消毒剂的办法。根据雨水利用设施运行情况，在非直接回用，不与人体接触的雨水利用项目中（如雨水通过较自然的收集、截污方式，补充景观水体），消毒可以只作为一种备用措施。

（2）自然净化

净化方式有：①植被浅沟是一种截污措施，也是一种自然净化措施，当雨水径流通过植被时，污染物由于过滤、渗透、吸收及生物降解的联合作用被去除；②屋顶绿化是指在各类建筑物、修建物等的屋顶、露台或天台上进行绿化、种植树木花卉，对改善城市环境有着重要意义；③雨水花园是一种有效的雨水自然净化与处置技术，也是一种生物滞留设施；④雨水土壤渗滤技术，人工土壤生态系统把雨水收集、净化、回用三者结合起来，构成了一个雨水处理与绿化、景观相结合的生态系统；⑤雨水湿地技术，城市雨水湿地大多为人工湿地，是一种通过模拟天然湿地的结构和功能，人为建造和控制管理的与沼泽地类似的地表水体。

雨水湿地系统分为表流湿地系统和潜流湿地系统：①表流湿地系统，系统在地下水位低或缺水地区通常衬有不透水材料层的浅蓄水池，防渗层上填充土壤或沙砾基质，并种有水生植物；②潜流湿地系统，水流在地表以下流动，净化效果好，不易产生蚊蝇但有时易发生堵塞，须先沉淀去除悬浮固体，由于须换填沙砾等基质，建造费用比表流系统高。

（三）污水再生利用技术

1. 污水再生利用分类

城市污水指排入城市排水系统的生活污水、工业废水和合流制管道截流的雨水，经处理后排入河流、湖泊等水体，或再生利用。排入水体是污水的自然归宿，水体对污水有一定的稀释和净化功能，是一种常用的出路，但会造成水体污染。

污水再生利用是指将城市污水适当处理达到规定的水质标准后，用作生活、市政杂用水，灌溉、生态及景观环境用水，也称为中水利用，城市污水再生利用按服务范围可分为三类：

（1）建筑中水回用

在大型建筑物或几栋建筑内建立小型中水处理站，以生活污水、优质杂排水为水源，经适当处理后回用于冲厕、绿化、浇洒道路等。

（2）小区污水再生利用

在建筑小区、机关院校内建立中小型中水处理站，以生活污水或优质杂排水、工业废水等为水源，经适当处理后回用于冲厕、洗车、绿化及浇洒道路等。

（3）区域污水再生利用

区域污水再生利用指在城市区域范围内建立大中型再生水厂，以城市污水或污水处理厂的二级出水为水源，经适当处理后用于生活、市政杂用水及生态、景观环境用水和补充地下水等。

2. 污水再生利用水源

污水再生利用水源应根据排水的水质、水量等具体状况，对污水回用水量、水质的要求选定，主要有以下几种：

（1）城市污水处理厂出水

城市污水处理厂二级出水经过深度处理，达到回用水水质要求后经市政中水管网送到各用水区。城市污水处理厂出水量大，水源较稳定，大型污水厂的专业管理水平高，处理成本低，供水水质水量有保障。

（2）相对洁净的工业排水

在许多工业区，某些工厂排放的一些相对洁净的水，如工业冷却水，其水质比较稳定。在保证使用安全和用户能接受的前提下，可作为很好的中水水源。

（3）小区雨水

雨水常集中于雨季，时间上分配不均，水量供给不稳定。如将雨水与建筑中的水系统联合运行，会加剧中水系统的水量波动，增加水量平衡难度，故一般不宜作为中水的原水，可作为中水的水源补给水。

（4）小区建筑排水

①小区建筑排水的种类

第一，厨房排水。厨房、食堂、餐厅排出的污水，含有较多的有机物、悬浮固体和油脂。

第二，冲洗便器污水。含有大量的有机物，悬浮固体和细菌病毒。第三，盥洗、洗涤污水。含皂液、洗涤剂量多。第四，淋浴排水。含较多的毛发、泥沙、油脂和合成洗涤剂。第五，锅炉房外排水。含盐量较高，悬浮固体多。第六，空调系统排水。水温较高，污染较轻。

②中水水源选用次序

小区建筑排水按其污染程度轻重，依次为空调系统排水、锅炉房外排水、盥洗洗涤水、厨房污水和冲洗便器污水。在进行污水再生利用工程设计时，应根据实际情况，优先采用一种或多种污染程度较轻的废水作为中水水源，选用的次序为：

第一，优质杂排水，污染程度较轻，包括空调系统排水、锅炉房外排水、盥洗排水和洗涤排水。以优质杂排水为中水原水，居民容易接受，水处理费用也低。其缺点是需要增加一个单独的废水收集系统。由于小区建筑分散，废水收集系统造价相对较高，因此，有可能会抵销废水处理成本上的节省。

第二，杂排水。污染程度中等，包括除冲厕以外的各种排水，含优质杂排水和厨房排水。以杂排水为中水原水，水质浓度要高一些，处理难度增加，但由于增加了洗衣废水和厨房废水，中水水源水量变化较均匀，可减小调节池容量。

第三，生活污水。污染程度最重，包括冲厕排水在内的各种排水，含杂排水。以生活污水作为中水原水，缺点是污水浓度高，杂物多，处理设备复杂，管理要求高，处理费用也高。优点是可省去一套中水水源收集系统，降低管网投资，对环境部门要求生活污水排放前必须处理或处理要求高的小区，可将生活污水作为中水原水。

3. 污水再生利用的水质标准

城市污水再生利用可分为农林牧渔业用水、城市杂用水、工业用水、环境用水和补充水源水等。一般用于不与人体直接接触的用水，其用途主要有以下几种：

（1）城市杂用水

城市杂用水用于城市绿化、冲厕、空调采暖补充、道路广场浇洒、车辆冲洗、建筑施工、消防等方面。

（2）生态环境用水

生态环境用水即娱乐性景观环境用水。包括娱乐性景观河道、景观湖泊及水景等。

第四章 新时期绿色建筑设计的材料选择

建筑是由建筑材料构成的。因此，在建筑设计中，建筑材料的选择也是很重要的一个内容。绿色建筑所使用的往往是绿色建筑材料。绿色建筑材料环保、节能、舒适、多功能，因而近年来越来越受到人们的关注，它也势必朝着一个更好的方向发展。本章就主要对绿色建筑材料的相关问题进行阐释。

第一节 绿色建筑材料的内涵

一、绿色建筑材料的含义

绿色建筑材料就是指健康型、环保型、安全型的建筑材料。从广义上讲，它不是一种独特的建材产品，而是对建材"健康、环保、安全"等属性的一种要求，对原材料生产、加工、施工、使用及废弃物处理等环节，贯彻环保意识及实施环保技术，达到环保要求。

绿色建材的定义是：采用清洁生产技术，不用或少用天然资源和能源，大量使用工农业或城市固态废弃物生产的无毒害、无污染、无放射性，达到使用周期后可回收利用，有利于环境保护和人体健康的建筑材料。

二、绿色建筑材料的特征

传统建筑材料的制造、使用以及最终的循环利用过程都产生了污染，破坏了人居环境和浪费了大量能源。与传统建材相比，绿色建筑材料具有以下一些鲜明的特点。

1.绿色建筑材料是以相对低的资源和能源消耗、环境污染做为代价，生产出高性能的建筑材料。

2.绿色建筑材料的生产尽可能少用天然资源，大量使用尾矿、废渣、垃圾等废弃物。

3.绿色建筑材料采用低能耗和无污染的生产技术、生产设备。

4.在产品生产过程中，不使用甲醛、卤化物溶剂或芳香族碳氢化合物；产品中不含汞、铅、铬和镉等重金属及其化合物。

5. 绿色建筑材料以改善生产环境、提高生活质量为宗旨，产品具有多功能化，如抗菌、灭菌、防毒、除臭、隔热、阻燃、防火等。

6. 产品可循环或回收及再利用，不产生污染环境的废弃物。

7. 绿色建筑材料能够大幅度地减少建筑能耗。

三、绿色建筑材料的类型

（一）基本型建筑材料

一般能满足使用性能要求和对人体健康没有危害的建筑材料就被称为基本型建筑材料。这种建筑材料在生产及配置过程中，不会超标使用对人体有害的化学物质，产品中也不含有过量的有害物质。

（二）节能型建筑材料

节能型建筑材料是指在生产过程中对传统能源和资源消耗明显小的建筑材料。如果能够节省能源和资源，那么人类使用有限的能源和资源的时间就会延长，这对于人类及生态环境来说都是非常有贡献的，也非常符合可持续发展战略的要求。节能型建筑材料同时降低能源和资源消耗，也就降低了危害生态环境的污染物产生量，这又能减少治理的工作量。生产这种建筑材料通常会采用免烧或者低温合成，以及提高热效率、降低热损失和充分利用原料等新工艺、新技术和新型设备。

（三）环保型建筑材料

环保型建筑材料是指在建材行业中利用新工艺、新技术，对其他工业生产的废弃物或者经过无害化处理的人类生活垃圾加以利用而生产出的建筑材料。环保型乳胶漆、环保型油漆等化学合成材料，甲醛释放量较低、达到国家标准的大芯板、胶合板、纤维板等也都是环保型的建筑材料。

（四）安全舒适型建筑材料

安全舒适型建筑材料是指具有轻质、高强、防水、防火、隔热、隔声、保温、调温、调光、无毒、无害等性能的建筑材料。这类建筑材料与传统建筑材料有很大的不同，它不再只重视建筑结构和装饰性能，还会充分考虑安全舒适性。所以，这类建筑材料非常适用于室内装饰装修。

（五）特殊环境型建筑材料

特殊环境型建筑材料是指能够适应特殊环境（海洋、江河、地下、沙漠、沼泽等）需要的建筑材料。这类建筑材料通常都具有超高的强度、抗腐蚀、耐久性能好等特点。如果能改善建筑材料的功能，延长建筑材料的寿命，那么自然也就改善了生态环境，节省了资源。一般来说，使用寿命增加一倍，等于生产同类产品的资源和能源节省了一倍，对环境的污染也减少了一倍。显然，特殊环境型建筑材料也是一种绿色建筑材料。

（六）保健功能型建筑材料

保健功能型建筑材料是指具有保护和促进人类健康功能的建筑材料。这里的保健功能主要指消毒、防臭、灭菌、防霉、抗静电、防辐射、吸附二氧化碳等对人体有害的气体等的功能。传统建筑材料可能不危害人体健康就可以了，但这种建筑材料不仅不危害人体健康，还有益于人体健康。因此，它作为一种绿色建筑材料越来越受到人们的喜爱，常常被运用于室内装饰装修中。

四、发展绿色建筑材料的现实意义

（一）改善人类生存的大环境

现代社会，人们越来越关注人类生存的大环境，寻求良好的生态环境，保护好大自然，期望自己和后代能够很好地生活在共同的地球上。绿色建筑材料的发展，将非常有助于改善大环境，防止大环境的破坏。

（二）保障居住小环境

我国传统的居住建筑是用木料、泥土、石块、石灰、黄沙、稻草、高粱秆等自然材料和黏土加工物砖、瓦组成的，它们与大自然能较好地相融，而且对人体健康是无害的。现代建筑采用大量的现代建筑材料，其中有许多是对人体健康有害的。因此有必要发展对人体健康无害或符合卫生标准的绿色建筑材料，来保障人们的居住小环境。

（三）改善公共场所、公共设施对公众的健康安全影响

车站、码头、机场、学校、幼儿园、商店、办公楼、会议厅、饭店、娱乐场所等公共场所是大量人群聚集、流动的场所，这些建筑物中如果有损害公众健康安全的建筑材料，将会对人体造成损害。发展绿色建筑材料，能够大大保障人们的健康安全。

五、绿色建筑材料的发展趋势

（一）走向资源节约型

资源节约型的绿色建筑材料一方面可以通过实施节省资源，尽量减少对现有能源、资源的使用来实现；另一方面也可采用原材料替代的方法来实现。原材料替代主要是指建筑材料生产原料充分使用各种工业废渣、工业固体废弃物、城市生活垃圾等代替原材料，通过技术措施使所得产品仍具有理想的使用功能，这样不仅减少了环境污染，而且变废为宝，节约土地资源。

（二）走向能源节约型

建筑是消耗能源的大户，建筑能耗与建筑材料的性能有密切的关系，因此，要解决建筑高能耗问题，就必须首先解决绿色建筑材料的能耗问题。所以，绿色建筑材料今后必然朝着节能的方向发展。

节能型绿色建筑材料不仅材料本身制造过程能耗低，而且在使用过程中有助于降低建筑物和设备的能耗。建材工业应努力生产低能耗的新型建筑材料，如混凝土空心砖、加气混凝土、石膏建筑制品、玻璃纤维增强水泥等。

此外，建筑行业在施工过程中还应注意用农业废弃物生产有机、无机人造板，用棉秆、麻秆、蔗莠、芦苇、稻草、麦秸等做增强材料，用有机合成树脂作为胶黏剂生产隔墙板，用无机胶黏剂生产隔墙板。这些隔墙板的特点是原材料广泛、生产能耗低、表观密度小、导热系数低、保温性能好。用这些建筑材料建造房屋，一方面，充分利用资源，消除废弃物对环境造成的污染，实现环境友好；另一方面，这些材料具有较好的保温隔热性能，可以降低房屋使用时的能耗，实现生态循环和可持续发展。

（三）走向环境友好型

在传统的建筑材料生产中，生产 1 t 普通硅酸盐水泥，能排放大约 1 t 的 CO_2、0.74 kg 的 SO_2 和 130 kg 的粉尘，环境污染相当严重。由于使用不合格的建筑材料而造成的室内环境污染，又影响了人体健康。因此，开发研制环境友好型绿色建筑材料必将成为一个重要趋势。

环境友好型的绿色建筑材料采用清洁新技术、新工艺进行生产，整个过程不使用有毒、有害原料，没有废液、废渣和废气排放，废弃物可以被其他产业消化，使用时对人体和环境无毒、无害，在材料寿命周期结束后可以被重复使用等。

（四）走向功能复合型

当今绿色建筑材料的发展还有一个重要方向是多功能化。绿色建筑材料在使用过程中具有净化、治理修复环境的功能，在其使用过程中不形成一次污染，其本身易于回收和再生。这些绿色建筑材料产品，具有抗菌、防菌、除臭、隔热、阻燃、防火、调温、消磁、防射线和抗静电等性能。使用这些产品可以使建筑物具有净化和治理环境的功能，或者对人类具有保健作用，如以硅酸盐等无机盐为载体的抗菌剂，添加到陶瓷釉料中，既能保持原来陶瓷制品功能，同时又增加了杀菌、抗菌功能，灭菌率可达到99%以上。这样的绿色建材可用于食堂、酒店、医院等建筑内装修，达到净化环境、防止疾病发生和传播作用；也可以在内墙涂料中添加各种功能性材料，增加建筑物内墙的功能性。

第二节　绿色建筑对建筑材料的要求

一、资源消耗方面的要求

在资源消耗方面，绿色建筑对建筑材料要求有：①尽可能地少用不可再回收利用的建筑材料；②尽可能地不使用或少使用不可再生资源生产的建筑材料；③尽量选用耐久性好的建筑材料，以便延长建筑物的使用寿命；④尽量选用可再生利用、可降解的建筑材料；⑤多使用各种废弃物生产的建筑材料，降低建筑材料生产过程中矿产资源的消耗。

二、能源消耗方面的要求

在能源消耗方面，绿色建筑对建筑材料要求有：①尽可能地使用可以减少建筑能耗的建筑材料；②尽可能使用生产过程中能耗低的建筑材料；③使用能充分利用绿色能源的建筑材料，降低建筑材料在生产过程中的能源消耗，保护生态环境。

三、室内环境质量方面的要求

在室内环境质量方面，绿色建筑对建筑材料要求有：①选用的建筑材料能提供优质的空气质量、热舒适、照明、声学和美学特征的室内环境，使居住环境健康、舒适。②尽可能选用有益于室内环境的建筑材料，同时尽可能改善现有的市政基础设施。③选用的建筑材料应具有很高的利用率，减少废料的产生。

四、环境影响方面的要求

在环境影响方面,绿色建筑对建筑材料要求有:①选用的建筑材料在生产过程中具有较低的二氧化碳排放量,对环境的影响比较小;②建筑材料在生产和使用中对大气污染的程度低;③对于生态环境产生的负荷低,降低建筑材料对自然环境的污染,保护生态环境。

五、回收利用方面的要求

建筑是能源及材料消耗的重要组成部分,随着环境的日益恶化和资源日益减少,保持建筑材料的可持续发展,提高能耗、资源的综合利用率,已成为当今社会关注的课题。在人为拆除旧建筑或由于自然灾害造成建筑物损坏的过程中,会产生大量的废砖和混凝土废块、木材及金属废料等建筑废弃物。如果能将其大部分作为建筑材料使用,成为一种可循环的建筑资源,不仅能够保护环境,降低对环境的影响,而且还可以节省大量的建设资金和资源。目前,从再利用的工艺角度,旧建筑材料的再利用主要包括直接再利用与再生利用两种方式。其中,直接再利用是指在保持材料原型的基础上,通过简单的处理,即可将废旧材料直接用于建筑再利用的方式。

六、建筑材料本地化方面的要求

建筑材料本地化是减少运输过程的资源、能源消耗,降低环境污染的一种重要手段。在本地化方面,绿色建筑对建筑材料的要求主要是:鼓励使用当地生产的建筑材料,提高就地取材制成的建筑产品所占的比例。

第三节 绿色建筑材料的选择与运用

选择与运用绿色建筑材料时,应当充分注意以下几个方面:

一、不损害人的身体健康

首先,要严格控制建筑材料的有害物含量比国家标准的限定值低。建筑材料的有害物释放是造成室内空气污染而损害人体健康的最主要原因。高分子有机合成材料释放的挥发性有机化合物(包括苯、甲苯、游离甲醛等),人造木板释放的游离甲醛,天然石材、陶瓷制品、工业废渣制成品和一些无机建筑材料的放射性污染,混凝土防冻剂中的氨,都是有害物,会严重危害人体健康。所以,要控制含有这类有害物的建筑材料进入市场。此外,对涉及供水系统的管材和管件有卫生指标的要求。选择绿色建筑材料时，一定要认真查验由法定检验机构出具的检验报告的真实性和有效期，批量较大时或有疑问时，应对进场材料送法定检验机构进行复检。

其次，要科学控制会释放有害气体的建筑材料。尽管室内采用的所有材料的有害物质含量都符合标准的要求，但如果用量过多，也会使室内空气品质不能达标。因为标准中所列的材料有害物质含量是指单位面积、单位重量或单位容积的材料试样的有害物质释放量或含量。这些材料释放到空气中的有害物质必然随着材料用量的增加而增多，不同品种材料的有害物质释放量也会累加。当材料用量多于某个数值时就会使室内空气中的有害物质含量超过国家标准的限值。由此可见，控制建筑材料有害气体的排放是绿色建筑材料选择的一个必要原则。

最后，为了不损害人体健康，还应选用有净化功能的建筑材料。当前一些单位研制了对空气有净化功能的建筑涂料，主要有：利用纳米光催化材料（如纳米 TiO_2）制造的抗菌除臭涂料，负离子释放涂料，具有活性吸附功能、可分解有机物的涂料。将这些材料涂刷在空气被挥发性有害气体严重污染的空间内，可清除被污染的气体，起到净化空气的作用。不过，这种材料的价格较高，不能取代很多品种涂料的功能而且需要处置的时间。因此决不能因为有这种补救手段，就不去严格控制材料的有害物质含量。

二、符合国家的资源利用政策

在选择绿色建筑材料时，应注意国家的资源利用政策。

首先，要选用可循环利用的建筑材料。就当前来看，除了部分钢构件和木构件外，这类建筑材料还很少，但已有产品上市，如连锁式小型空心砌块，砌筑时不用或少用砂浆，主要是靠相互连锁形成墙体；当房屋空间改变须拆除隔墙时，不用砂浆砌筑的大量砌块完全可以重复使用。又如，外墙自锁式干挂装饰砌块，通过搭叠和自锁安装，完全不用沙浆，当须改变外装修立面时，能很容易被完整地拆卸下来，重复使用。

其次，禁用或限用实心黏土砖，少用其他黏土制品。我国人均耕地少，为国家粮食安全的耕地后备资源严重不足。而我国实心黏土砖的年产量却非常高，用土量大，占用了相当一部分的耕地。所以，实心黏土砖的使用是造成耕地面积减少的一个重要原因。在当前实心黏土砖的价格低廉和对砌筑技术要求不高的优势仍有极大吸引力的情况下，用材单位一定要认真执行国家和地方政府的规定，不使用实心黏土砖。空心黏土制品也要占用土地资源，因此在土地资源不足的地方也应尽量少用，而且一定要用高档次、高质量的空心黏土制品，以促进生产企业提高土地资源的利用效率。

再次，应尽量选择利废型建筑材料。这是实现废弃物"资源化"的最主要的途径，也是减少对不可再生资源需求的最有效的措施。利废型建筑材料主要指利用工农业、城市和自然废弃物生产的建筑材料，包括利用页岩、煤矸石、粉煤灰、矿渣、赤泥、河库淤泥、秸秆等废弃物生产的各种墙体材料、市政材料、水泥、陶粒等，或在混凝土中直接掺用粉煤灰、矿渣等。绝大多数利废型建筑材料已有国家标准或行业标准，可以放心使用。但这些墙体材料与黏土砖的施工性能不一样，不可按老习惯操作。使用单位必须做好操作人员的技术培训工作，掌握这些产品的施工技术要点，才能做出合格的工程。

最后，要拆除旧建筑物的废弃物，再生利用施工中产生的建筑垃圾。这是使废弃物"减量化"和"再利用"的一项技术措施。关于这一点，我国还处于起步阶段。以下是我国在这方面已经做出的一些成果：将结构施工的垃圾经分拣粉碎后与沙子混合作为细骨料配制砂浆；将回收的废砖块和废混凝土经分拣破碎后作为再生骨料用于生产非承重的墙体材料和小型市政或庭园材料；将经过优选的废混凝土块分拣、破碎、筛分和配合混匀形成多种规格的再生骨料后可配制 C30 以下的混凝土；用废热塑性塑料和木屑为原料生产塑木制品。

需要注意，对于此类材料的再生利用一定要有技术指导，要经过试验和检验，保证制成品的质量。

三、符合国家的节能政策

在选择绿色建筑材料时，应注意国家的节能政策。

首先，要选用对降低建筑物运行能耗和改善室内热环境有明显效果的建筑材料。我国建筑的能源消耗占全国能源消耗总量的 27%，因此，降低建筑的能源消耗已是当务之急。为达到建筑能耗降低 50% 的目标，必须使用高效的保温隔热的房屋围护材料，包括外墙体材料，屋面材料和外门窗。使用这类围护材料会增加一定的成本，但据专家计算，只需通过 5～7 年就可以由节省的能源耗费收回。在选用节能型围护材料时，一定要与结构体系相配套，并重点关注其热工性能和耐久性能，以保证有长期的、优良的保温隔热效果。

其次，要选用生产能耗低的建筑材料。这有利于节约能源和减少生产建筑材料时排放的废气对大气的污染。例如，烧结类的墙体材料比非烧结类的墙体材料的生产能耗高，如果能满足设计和施工要求，就应尽可能地选用非烧结类的墙体材料。

四、符合国家的节水政策

我国水资源短缺，仅为世界人均值的 1/4，有大量城市严重缺水，因此，节水是我国社会主义建设中的重要任务。我国也不断地在提倡建设节约型社会。房屋建筑的节水是其中的一项重要措施，而搞好与房屋建筑用水相关的建筑材料的选用是极重要的一环。在选择时，一定要注意符合国家的节水政策。

首先，要选用品质好的水系统产品，包括管材、管件、阀门及相关设备，保证管道不发生渗漏和破裂。

其次，要选用易清洁或有自洁功能的用水器具，以减少器具表面的结污现象和节约清洁用水量。

再次，要选用节水型的用水器具，如节水龙头、节水坐便器等。

最后，在小区内尽量使用渗水路面砖来修建硬路面，以充分将雨水留在区内土壤中，减少绿化用水。

五、选用耐久性好的建筑材料

耐久性是材料抵抗自身和自然环境双重因素长期破坏作用的能力。它是一种复杂的、综合的性质，包括抗冻性、抗渗性、抗风化性、耐化学腐蚀性、耐老化性、耐热性、耐光性、耐磨性等。材料的耐久性越好，使用寿命越长。建筑材料的耐久性能是否优良往往关乎工程质量，同时也关乎建筑的使用寿命。使用耐久性优良的建筑材料，不仅能够节约建筑物的材料用量，还能够保证建筑物的使用功能维持较长的时间。建筑物的使用期限延长了，房屋全生命周期内的维修次数就减少了，维修次数减少又能减少社会对材料的需求量，减少废旧拆除物的数量，从而也就能够减轻对环境的污染。由此可见，选择绿色建筑材料时一定要注意其耐久性。

六、选用高品质的建筑材料

建筑材料的品质越高，其节能性、环保性、耐久性等也往往越高。因此，选择绿色建筑材料时，必须达到国家或行业产品标准的要求，有条件的要尽量选用高品质的建筑材料，如高性能钢材、高性能混凝土、高品质的墙体材料和防水材料等。

七、选用配套技术齐全的建筑材料

建筑材料是要用在建筑物上的，要使建筑物的性能或观感达到设计要求。很多建筑材料的性能是很好，但用到建筑物上却不能获得满意的效果，这主要是因为没有成熟的配套技术。配套技术主要包括与主材料配套的各种辅料与配件、施工技术（包括清洁施工）和维护维修技术。鉴于此，在选用绿色建筑材料时，不能只考虑材料的材性，还应考虑使用这种材料是否有成熟的配套技术，以保证建筑材料在建筑物上使用后，能充分发挥其各项优异性能，使建筑物的相关性能达到预期的设计要求。

八、材料本地化

材料本地化就是指优先选用建筑工程所在地的材料。这种做法不能仅仅是为了省运输费，更重要的是可以节省长距离运输材料而消耗的能源。所以，坚持材料本地化的原则实际上是有力地支持了节能和环保事业。

九、价格合理

一般情况下，建筑材料的价格与建筑材料的品质是成正比的，价格高的材料品质也相对要高。有些业主非常喜欢使劲压低建筑材料的价格，然而价格过低容易使很多厂家不敢生产过多高品质建筑材料，于是市场就出现了很多低质量产品，实际上最终受损失的还是业主或用户。有些材料的品质在短期内是不会显现出来的，如低质的塑料管材的使用年限少，在维修时的更换率就高，最后所花费的钱并不少，低质上水管的卫生指标还可能不达标。再如，塑料窗的密封条应采用橡胶制品。如果价格压得过低，就可能采用塑料制品，窗户的密封性能可能在较短的时间内就变差，窗户的五金件质量差可能在两三年后就会损坏，这将严重影响正常使用和节能效果。

第四节 传统建筑材料的绿色化和新型绿色化建筑材料

一、传统建筑材料的绿色化

传统建筑材料主要追求材料的使用性能，而绿色建筑材料追求的不仅是良好的使用性能，而且从材料的制造、使用、废弃直至再生利用的整个寿命周期中，必须具备与生态环境的协调共存性，对资源、能源消耗少，生态环境影响小，再生资源利用率高，或可降解使用。

在建筑工程中，通常使用的建筑材料有水泥、混凝土及其制品、木材、钢材、铝材、高分子聚合材料、各种玻璃、建筑卫生陶瓷等，以下对这些建筑材料的绿色化进行一定的分析。

（一）水泥的绿色化

传统水泥从石灰石开采，经窑烧制成熟料，再加入石膏研磨成水泥。整个生产过程会耗用大量的煤与电，还会排放大量二氧化碳，对环境的污染很大。所以，促进传统水泥的绿色化是极其必要的。

为了水泥建材的绿色化，我国发展以新型干法窑为主体的具有自主知识产权的现代水泥生产技术，大量节约了资源，减少了二氧化碳的排放量，采用高效除尘技术、烟气脱硫技术等，基本解决了粉尘、二氧化碳和氧化氮气体的排放及噪声污染问题。

绿色水泥应具有高强度、优异耐久性和低环境负荷三大特征。因此，在水泥的绿色化过程中，应改变水泥品种，降低单方混凝土中的水泥用量，减少水泥建材工业带来的温室气体排放和粉尘污染，降低其水化热，减少收缩开裂的趋势。

（二）混凝土的绿色化

传统混凝土强度不足，使得建筑构件断面积增大，构造物自重增加，减少了室内可用空间；且其用水量及水泥量较高，容易产生缩水、析离现象，容易具有潜变、龟裂等特点，使钢筋混凝土建筑变成严重浪费地球资源与破坏环境的构造。因此，使传统混凝土绿色化，开发高性能混凝土有着重要意义。

当前，人们主要通过使用无毒、无污染的绿色混凝土外加剂来改善混凝土。HPC 就是在常规混凝土基础上采用现代技术形成的高性能混凝土。它除了采用优质水泥、水和骨料之外，还采用掺足矿物细掺料、低水胶比和高效外加剂，可避免干缩龟裂问题，可节约 10% 左右的用钢量与 30% 左右的混凝土用量，可增加 1.0% ~ 1.5% 的建筑使用面积，具有更高的综合经济效益。显然，推广使用 HPC，注重混凝土的工作性，可节省人力，减少振捣，降低环境噪声；还可大幅度提高建筑建材施工效率，减少堆料场地，减少材料浪费，减少灰尘，减少环境污染。

（三）木材的绿色化

木材是人类社会最早使用的建筑材料，也是直到现在一直被广泛使用的优秀建筑材料。它是一种优良的生态原料，但在其制造、加工过程中，由于使用其他胶黏剂而破坏了产品原有的绿色生态性能。所以，目前需要促进木材的绿色化。

木材在绿色化生产过程中，对每一道工序都严格按照环境保护要求，不仅从污染角度加以考虑，同时从产品的实用性、生态性、绿色度等方面进行调整。木材的生产工艺可归结为原料的软化和干燥、半成品加工和储存、施胶、成形和预压、热压、后期加工、深度加工等。木材的绿色化生产的关键就是进行木材的生态适应性判断。木材生产的能耗要低，生产过程要无污染，原材料要可再资源化，木材使用后或解体后可再利用，原材料要能够持续生产，环境负荷要小，废料的最终处理不污染环境，对人的健康无危害。

（四）建筑用金属材料的绿色化

建筑钢材的绿色化，除建材钢铁工业的"三废"治理、综合利用和资源本土化以外，还必须改善生产工艺，采用熔融还原炼铁工艺，使用非焦煤直接炼铁，大大缩短了工艺流程，投资省、成本低、污染少，铁水质量能与高炉铁水相媲美，能够利用过程产生的煤气在竖炉中生产海绵铁，替代优质废钢供电炉炼钢。钢铁工业向大型化、高效化和连续化生产方向发展。以后通过提高炼铸比，向上游带动铁水预处理、炉外精炼和优化炼钢技术，向下游带动各类轧机的优化，实现坯铸热装热送、直接轧制和控制轧制等，最终实现钢材的绿色化生产。

当前阶段，建筑金属材料的绿色化技术主要强调在保持金属材料的加工性能和使用性能基本不变或有所提高的前提下，尽量使金属材料的加工过程消耗较低的资源和能源，排放较少的"三废"，并且在废弃之后易于分解、回收和再生。此外，要开发金属材料的绿色化新工艺，如熔融还原炼铁技术、连续铸造技术、冶金短流程工艺、炉外精炼技术和高炉富氧喷煤技术。

（五）化学建材的绿色化

化学建材是指以合成高分子材料为主要成分，配有各种改性成分，经加工制成的用于建设工程的各类材料，如塑料管道、塑料门窗、建筑防水涂料、建筑涂料、建筑壁纸、塑料地板、塑料装饰板、泡沫保温材料和建筑胶黏剂等。

其中，由于本身导热性差和多腔室结构，塑料门窗型材具有显著的节能效果。它在生产环节、使用环节不但可以节约大量的木、钢、铝等材料和生产能耗，还可以降低建筑物在使用过程中的能量消耗。因此，大力发展多腔室断面设计，降低型材壁厚，增加内部增强筋与腔室数量，不仅能提高其保温、隔热、隔声效果，还具有很好的绿色化效果。

传统的建筑涂料大多是有机溶剂型涂料，在使用过程中会释放出有机溶剂。而室内长期存在大量的可挥发性的有机物，除对人体有刺激外，还会影响到人的视觉、听觉和记忆力，使人感到乏力和头疼。所以，开发非有机溶剂型涂料等绿色化学建材就显得非常重要。当前，人们对涂料的研究和发展方向越来越明确，就是寻求 VOC（挥发性有机化合物）不断降低，直至为零的涂料，而且其使用范围要尽可能宽、使用性能优越、设备投资适当等。

（六）建筑玻璃的绿色化

玻璃工业也是一个高能耗、污染大、环境负荷高的产业。随着现代建筑设计理念的人性化、亲近自然，以及世界各国对能源危机的忧患意识的提高，对建筑节能的重视程度也越来越高，对玻璃的要求也逐步向功能性、通透性转变。

建筑玻璃的绿色化包括生产的绿色化和使用的绿色化。首先，要注意节能，门洞窗口是节能的薄弱环节，玻璃节能性能反映了绿色化程度。其次，要提高玻璃窑炉的熔化规模，其燃烧方式有氧气喷吹、氧气浓缩、氧气增压等先进燃烧工艺，这比传统方式提高了生产清洁度，降低能耗，减少污染物排放和延长熔炉寿命。最后，要注意高度的安全性，要防止化学污染和物理污染。

（七）建筑卫生陶瓷的绿色化

建筑卫生陶瓷产品具有洁净卫生、耐湿、耐水、耐用、价廉物美、易得等诸多优点，其优异的使用功能和艺术装饰功能美化了人们的生活环境，满足了人们的物质生活和精神生活的双重需要，但陶瓷的生产又以资源的消耗、环境受到一定污染与破坏为代价。因此，建筑卫生陶瓷绿色化是一项亟待解决的问题。

1.建筑卫生陶瓷产品绿色化的重点

包括：推广使用节水、低放射性、使用寿命长的高性能产品，推广使用超薄及具有抗菌、易洁、调湿、透水、空气净化、蓄光发光、抗静电等新功能产品，推广使用安全、铺贴牢固、减少铺贴辅助耗材、实现清洁施工的产品等。

2.建筑卫生陶瓷生产过程的绿色化的重点

包括：推行清洁生产与管理，陶瓷废次品、废料的回收、分类处理与综合利用，洁净燃料的使用与废气治理，废水的净化和循环利用，粉尘噪声的控制与治理；促进陶瓷矿产资源的合理开发和综合利用，保护优质矿产资源、开发利用红土类等铁钛含量高的低质原料及各种工业尾矿、废渣；淘汰落后，开发推广节能、节水、节约原料、高效生产技术及设备等。

总的来说，建筑陶瓷绿色化要求树立陶瓷"经济-资源-环境"价值协同观，在发展中持续改进、提高、优化。同时还需要注意，建筑卫生陶瓷绿色化不应仅是概念的炒作或产品的标签，而是实实在在努力追求的目标。

二、新型绿色化建筑材料

新型绿色化建筑材料主要是用新的工艺技术生产的具有节能、节土、利废、保护环境特点和改善建筑功能的建筑材料。当前，已经出现并逐渐拓宽使用范围的新型绿色化建筑材料有很多，以下对其中一些进行简要阐述。

（一）透明的绝缘材料

传统的绝缘材料是迟钝和多孔渗水的，而且可以划分为含纤维的、细胞的、粒状的和反射型的。这些绝缘材料的热性能是根据导热系数来说明的。惰性气体是一种很好的绝缘材料，它的导热系数 A 为 0.026 W/（m·K）。一些普遍的绝热材料如玻璃纤维、水合硅酸铝、渣绒和硅酸钙都有很低的导热系数。

透明的绝缘材料表现出在气体间隙中一种全新的绝热种类，它们被用来减少不必要的热能损失，这些材料是由浸泡在空气层中明显的细胞排列组成的。透明的绝热材料对太阳光是透射的，但它能够提供很好的绝热性，使建筑物室外热能系统得到更多的太阳光应用，被用作建筑物的透明覆盖系统。透明绝缘材料的基本物理原理是利用吸收的太阳辐射波长和放出不同波长的红外线。高太阳光传送率和低热量损失系数是描述透明绝缘材料的两个参数。高光学投射比可以通过透明建筑材料，如低钢玻璃、聚碳酸酯板或光亮的凝胶体来实现。低热辐射损失可以通过涂上一层低反射率的漆来实现，低导热系数可以通过薄壁蜂房型建筑材料的使用来实现。低对流损失可以通过使用细胞形蜂窝构造避免气体成分的整体运动来抑制对流。这些特性联合起来使各种各样的透明绝缘材料得以实现，这些材料的导热系数很低，而阳光传送率则很高。

（二）相变材料

相变材料是指随温度变化而改变物质状态并能提供潜热的物质。由于水拥有高储存容量和优良的传热特性，因此在低温应用中水被视为最好的热量储存材料。碎石或沙砾同样适合某些应用，它的热容大约是水的 1/5，因此储存相同数量的热能需要的存储器将是储水的 5 倍。对于高温热储存，铁是一种合适的材料。在潜热储存阶段，由于吸收或者释放热能材料的温度保持不变，这个温度等于熔化或者气化的温度，这称为材料的相变。建筑中供暖应用最合适的一种材料是硫酸钠 + 水合物，它在 32 ℃的时候发生相变情况。

相变材料的突出优点是轻质的建筑物可以增加热量。这些建筑由于它们的低热量，可以发生高温的波动，这将导致高供暖负荷和制冷负荷。在这样的建筑中使用相变材料可以消除温度的起伏变化，而且可以降低建筑的空调负荷。

热化储存也是一种为人所知的储存。在吸热化学反应过程中，热量被吸收而产物被储存。按照要求在放热反应过程中，产物释放出热量。化学热泵储存要与吸收循环的太阳热泵结合在一起。利用这种方法，在白天使用太阳能将制冷剂从蒸发器中的溶液蒸发出来，然后存储在冷凝器中。当建筑中需要热量的时候，储存的制冷剂在溶入溶液之前在室外的空气盘管中蒸发，从而释放存储的能量。

（三）玻晶砖

玻晶砖是一种既非石材也非陶瓷砖的新型绿色建材。它是以碎玻璃为主，掺入少量黏土等原料，经粉碎、成形、晶化、退火而成的一种新型环保节能材料。玻晶砖除可制作结晶黏土砖外，也可制作出天然石材或玉石的效果，有多种颜色和不同规格形态，通过不同颜色的产品搭配，能拼出各种各样富于创意空间的花色图案，美观大方。可用于各种建筑物的内、外墙或地面装修。表面如花岗岩或大理石一般光滑的玻晶系列产品可显示出豪华的装饰效果。采用彩色的玻晶砖装修内墙和地面，其高雅程度可与高级昂贵的大理石或花岗岩相媲美。而且，这种产品还具有优良的防滑性能以及较高的抗弯强度、耐蚀性、隔热性和抗冻性，是一种完全符合"减量化、再利用、资源化"三原则的新型环保节能材料。

（四）硅纤陶板

硅纤陶板又称纤瓷板，是近年来开发的新型人造建筑材料。与天然石材相比，这种材料具有强度高、化学稳定性好、色彩可选择、无色差、不含任何放射性材料等优点。它的表面光洁晶亮，既有玻璃的光泽又有花岗岩的华丽质感，可广泛用于办公楼、商业大厦、机场、地铁站、购物娱乐中心等大型高级建筑的内外装饰，是现代建筑外、内墙装饰中，可供选择的较为理想的绿色建筑材料。

硅纤陶板采用陶瓷黏土为主要原料，添加硅纤维及特殊熔剂等辅料，经辊道窑二次烧制而成。成品的坯体呈现白色，属于陶瓷制品中的白坯系列，较普通瓷砖的红坯系列，不仅密实度较高且杂质含量少。硅纤陶板的原料陶瓷黏土是一种含水铝硅酸盐的矿物，由长石类岩石经过长期风化与地质作用生成。它是多种微细矿物的混合体，主要化学组成为二氧化硅、三氧化二铝和结晶水，同时含有少量碱金属、碱土金属氧化物和着色氧化物。它具有独特的可塑性和结合性，加水膨润后可捏成泥团，塑造成所需要的形状，再经过焙烧后，变得坚硬致密。这种性能构成了陶瓷制作的工艺基础，使硅纤陶板的生产成为可能。

硅纤陶板作为一种绿色建筑材料是比较容易推广的，因为其价格相对较低，生产也不怎么受地域的限制。所以，在提倡节约能源的今天，应该提倡使用硅纤陶板。它能降低近40%的能源消耗，并减少金属材料的使用。同时，由于硅纤陶板薄，传热快而均匀，烧成温度和烧成周期大大缩短，使烧制过程中的有害气体排放量可减少 20% ~ 30%，对环境保护有着重要的贡献。

第五章 新时期绿色建筑设计的设施设备选型

　　建筑设施设备指安装在建筑物内为人们居住、生活、工作提供便利、舒适、安全等条件的设施设备。绿色建筑的设施设备，则更进一步保证绿色建筑节能、环保、安全、健康等"绿色"功能顺利地运行实现。同时，建筑设施设备自身节能环保的实现，也是绿色建筑节能环保目标体系中的重要组成部分。本章主要阐述给排水、强弱电、暖通空调、人防消防等设备的选型。

第一节　给排水设施设备的设计选型

一、绿色建筑给水设施设备的分类与组成

　　（一）绿色建筑给水设施设备的分类

　　1. 生活给水系统

　　生活用水按水温、水质的不同又分为：冷水系统、饮水系统和热水系统。

　　①冷水系统。一般将直接用城市自来水或其他自备水源作为生活用水的给水系统时，叫作冷水系统。②饮水系统。当人们有喝生水的习惯，需要提高饮用水水质标准时，在旅馆的卫生间、厨房或高级公寓、高级住宅的厨房，常须设置单独的"饮用水"管道系统。③热水系统。在生活给水系统的用水户中，如卫生间、洗衣房和厨房等，要求供应一定温度的热水，需要单独设置管道系统，即热水系统。

　　2. 生产给水系统

　　为工业企业生产方面用水所设置的给水系统均称生产给水系统，主要指供生产设备冷却，产品、原料洗涤，锅炉用水和各类产品制造过程中所需的生产用水。因各种生产的工艺不同，生产给水系统种类繁多。生产用水对水质、水量、水压以及安全方面的要求，由于生产工艺不同，所以它们的差异很大。

3. 消防给水系统

建筑消防给水系统是建筑给水系统的一个重要组成部分，与生活、生产给水系统相比又有其特殊性，其可按建筑层数或高度不同分类、按供水范围不同分类、按灭火方式不同分类。

（1）按建筑层数或高度不同分类

按建筑层数或高度可分为低层建筑消防给水系统和高层建筑消防给水系统。10层以下的住宅和建筑高度不超过24 m的其他民用消防给水系统称为低层建筑消防给水系统，其主要作用是扑灭初期火灾，防止火势蔓延。10层以上的住宅或建筑高度超过24 m的其他民用建筑和工业建筑的消防给水系统称为高层建筑消防给水系统。高层建筑消防给水系统要立足于自救。

（2）按供水范围不同分类

按供水范围不同可分为独立消防给水系统和区域集中消防给水系统。每栋建筑单独设置的消防给水系统为独立消防给水系统，适用于分散建设的高层建筑。

（3）按灭火方式不同分类

按灭火方式不同可分为消火栓给水系统和自动喷水灭火系统。消火栓给水系统由人操纵水枪灭火，系统简单，工程造价低。自动喷水灭火系统工程造价较高，主要用于消防要求高、火灾危险性大的建筑。

（二）绿色建筑给水设施设备的组成

绿色建筑内部的给水系统主要由引入管、水表节点、给水管道、用水设备和配水装置、给水附件及增压和储水设施设备组成。①引入管：建筑（小区）总进水管。②水表节点：水表及前后的阀门、泄水装置。③管道系统：给水干管、立管和支管。④配水装置和用水设备：各类配水龙头及生产、消防设备。⑤给水附件：起调节和控制作用的各类阀门。⑥增压和储水设备：包括水泵、水箱和气压储水设备。

二、建筑给水设施设备选型的原则及要求

1. 给水系统要完善，水质要根据用途不同达到相应国家或行业规定的标准，并且水压要稳定可靠。

2. 为实现节约和合理用水的目的，用水要分户、分用途设置计量仪表，并采取有效措施避免管网出现渗漏。

3. 选用的给水设施设备要具有节水性能，住宅建筑设备的节水率不低于8%，公共建

筑设备的节水率不低于 15%。

4. 生产性给水设施和消防性给水设施要满足非传统水源的供给要求。

5. 绿化用水、景观用水等非饮用水用非传统水源，绿化灌溉选用可以微灌、喷灌、滴灌、渗灌等高效节水的灌溉方式，设备的节水率与传统方法相比要降低 10%。

6. 管材、管道附件及设备等供水设施的选取和运行，不应对供水造成二次污染，选用的设备要能有效地防止和检测管道渗漏。

7. 公共建筑的一些用水设备（如游泳池等），要选用技术先进的循环水处理设备，并采用节水和卫生换水方式。

三、建筑给水设施设备的选型方法

（一）给水管材、管件及连接设备选择

目前我国市场上存在约 20 种的给水管材，主要包括金属类管材、衬塑管、塑料类管材。它们的价格以金属类最贵，其次是衬塑管，最经济的是塑料管。管材是建筑给水系统连接设备，由于管材的选择直接涉及用水安全，因此管材的选择一定要遵循安全无害的原则。由于钢管易产生锈蚀、结垢和滋生细菌，且使用寿命较短，所以世界各国已开始推广应用塑料或复合管。

新建、改建和扩建的城市管道（直径小于 400 mm）和住宅小区室外给水管道，应选择硬聚氯乙烯、聚乙烯塑料管，大口径的供水管道可以选择钢塑复合门管；新建、改建住宅室内给水管道、热水管道和供暖管道，应优先选择铝塑复合管、交联聚乙烯等新型管材，淘汰传统的镀锌钢管。

（二）建筑给水管道附件的选择

建筑给水附件是指给水管道上的配水龙头和调节水量、水压、控制水流方向、水位和保证设备仪表检修用的各种阀门，即安装在管道和设备上的启闭和调节装置的总称，分为配水附件和控制附件两类。绿色建筑设计中的配水附件和控制附件的选择，既要满足节水节材的要求，还要满足用水安全的要求。节水就是要保证这些配水附件无渗透，关闭紧密；节材就是要保证质量，达到一定的使用年限。

（三）给水系统计量水表的选择

水表是测量水流量的仪表，大多是水的累计流量测量，一般可分为容积式和速度式两类，有的分为旋翼式和螺翼式两种。水表的选择首先要满足节水、精确和使用安全要求，

要不漏水且无污染；另外，水表的选择还要根据管径的大小，要因材制宜；水表的口径宜与给水管道接口的管径一致；用水量均匀的生活给水系统的水表，应以给水设计流量选定水表的常用流量；用水量不均匀的生活给水系统的水表，应以给水设计流量选定水表的过载流量。在消防时除生活用水外，还须通过消防流量的水表，应以生活用水的设计流量叠加消防流量进行校核，校核流量不应大于水表的过载流量。当管径大于 50 mm 时，要选用螺翼式水表。

（四）给水系统水泵装置的选择

水泵的选择要满足下列要求：应根据管网水力计算选择水泵，水泵应在其高效区内运行；居住小区的加压泵站，当给水管网无调节设施时，宜采用调速泵组或额定转速泵编组运行供水。泵组的最大出水量不应小于小区给水设计流量，并以消防工况进行校核；建筑物内采用高位水箱调节生活用水系统时，水泵的最大出水量不应小于最大小时用水量；生活给水系统采用调速泵组供水时，应按设计秒流量选择水泵，调速泵在额定转速时的工作点，应位于水泵高效区的末端。

（五）给水系统水箱装置的选择

在建筑给水系统中，需要增压、稳压、减压或者需要一定储存水量时需要设置水箱。水箱一般用钢板、钢筋混凝土、玻璃钢等材料制作而成。钢板水箱易产生锈蚀，难以保证用水安全；钢筋混凝土水箱造价较低，使用寿命长，但自重比较大，与管道衔接不好，易出现漏水；工程实际中一般常用玻璃钢水箱，这种水箱质量轻、强度高、耐腐蚀，安装方便，也能保证用水安全。

（六）系统气压给水设备的选择

气压给水设备是利用密闭罐中压缩空气的压力变化，进行储存、调节和压送水量的装置，在给水系统中主要起增压和水量调节的作用，相当于水塔和高水位箱。气压给水设备是一种常见的增压稳压设备，包括气压水罐、稳压泵和一些附件。按气压水罐工作形式分为补气式、胶囊式消防气压给水设备；按是否设有消防泵组，分为设有消防泵组的普通消防气压给水设备和不设消防泵组的应急消防气压给水设备。

四、绿色建筑排水设施设备的分类与组成

（一）绿色建筑排水设施设备的分类

1.生产废水系统

生产废水系统排除工艺生产过程中产生的污废水。为便于污废水的处理和综合利用，按污染程度可分为生产污水排水系统和生产废水排水系统。生产污水污染较重，需要经过处理，达到排放标准后排放；生产废水污染较轻，如机械设备冷却水，生产废水可作为杂用水水源，也可经过简单处理后（如降温）回用或排入水体。

2.生活污水系统

生活污水系统排除居住建筑、公共建筑及工厂生活区的污（废）水。有时，由于污（废）水处理、卫生条件或杂用水水源的需要，把生活排水系统又进一步分为排除冲洗便器的生活污水排水系统和排除盥洗、洗涤废水的生活废水排水系统。生活废水经过处理后，可作为杂用水，用来冲洗厕所、浇洒绿地和道路、冲洗汽车等。

3.雨水系统

雨水系统收集降落到多跨工业厂房、大屋面建筑和高层建筑屋面上的雨、雪水。

（二）绿色建筑排水设施设备的组成

建筑室内排水系统主要是迅速地把污水排到室外，并能同时将管道内有毒、有害气体排出，从而保证室内环境卫生。完整的建筑排水系统基本由卫生器具、排水管道、通气管道、清通设备、抽升设备和污水处理局部构筑物部分组成。

五、建筑排水设施设备选型的原则及要求

第一，实施分质排水主要可以分为优质杂排水、杂排水、生活污水和海水冲厕水，依据收集、再生与排放的不同目的而分别设置排水系统。有效地实施分质排水，充分利用优质杂排水、杂排水作为再生水资源，也是解决城市水资源短缺问题的有效手段。第二，绿色建筑应设置独立的雨水排水系统，设置雨水储存池，提高非传统水源的利用率。

六、建筑排水设施设备的选型方法

（一）排水方式的选择

建筑内部的排水方式可分为分流制和合流制两种，分别称为建筑内部分流排水和建筑

内部合流排水。建筑内部分流排水是指居住建筑和公共建筑的粪便污水和生活废水、工业建筑中的生产污水和生产废水，各自由单独的排水系统排出；建筑内部合流排水是指居住建筑和公共建筑的粪便污水和生活废水、工业建筑中的生产污水和生产废水，由一套排水系统排出。

（二）卫生器具的选择

卫生器具主要包括便溺器具、洗漱器具、洗涤器具等。卫生器具的选择应遵循以下原则和方法：①应选择冲洗力强、节水消声、便于控制、使用方便的卫生器具；②民用建筑选用的卫生器具节水率不得低于8%，公共建筑选用的卫生器具节水率不得低于25%；③卫生器具的材质和要求，均应符合现行的有关产品标准的规定；④大便器选用应根据使用对象、设置场所、建筑标准等因素确定，且均应选用节水型大便器，公共场所设置小便器时，应采用延时自闭式冲洗阀或自动冲洗装置，公共场所的洗手盆宜采用限流节水型装置；⑤构造内无存水弯的卫生器具与生活污水管道或其他可能产生有害气体的排水管道连接时，必须在排水口以下设存水弯；⑥医疗卫生机构内门诊、病房、化验室、试验室等处，不在同一房间内的卫生器具不得共用存水弯。

（三）排水管道的选择

常用的排水管材主要有钢管、铸铁管、塑料管和复合管等，管材的选择应遵循以下原则：①居住小区内的排水管道，宜采用埋地排水塑料管、承插式混凝土管或钢筋混凝土管，当居住小区内设有生活污水处理装置时，生活排水管道应采用埋地排水塑料管；②建筑物内部排水管道，应采用建筑排水塑料管及管件或柔性接口机制排水铸铁管及相应管件；③当排水的温度大于40℃时，应采用金属排水管或耐热塑料排水管。

（四）地漏设备的选择

地漏分为普通地漏、多通道地漏、存水盒地漏、双杯式地漏和防回流地漏等，现在还出现了防臭地漏。地漏的选择应符合下列要求：应优先采用直通式地漏；卫生标准要求高或非经常使用地漏排水的场所，应设置密封地漏；食堂、厨房和公共浴室等排水，宜设置网框式地漏。

（五）排水通气管

通气管的选型需要满足下列条件：①当通气立管的长度在50 m以上时，其通气管的管径应与排水立管的管径相同；②当通气立管的长度小于等于50 m时，且两根以上排水立管同时与一根通气立管相连；③结合通气管的管径不宜小于通气立管的管径；④伸顶通气管的管径与排水立管的管径相同，但在最冷月平均气温低于 –13 ℃的地区，应在室内平顶或吊顶以下 0.3 m 处将管径放大一级；⑤当两根或两根以上污水立管的通气管汇合连接时，汇合通气管的断面积应为最大一根通气管的断面积加其余通气管断面积之和的 0.25 倍；⑥通气管的管材，一般可采用塑料管、柔性接口排水铸铁管等。

（六）提升设备的选择

排水系统的提升设备包括污水集水池和污水泵两个部分，其中，污水集水池要满足以下要求：①集水池有效容积不宜大于最大一台污水泵 5 min 的出水量；②集水池除了满足有效容积外，还应满足水泵设置、水位控制、格栅等安装、检查要求；③集水池设计最低水位，应满足水泵吸水的要求；④集水池如果设置在室内地下室时，池盖应密封，并设置通气管系，室内有敞开的集水池时，应设置强制通风装置；⑤集水池底应有不小于 0.05 坡度坡向泵位，集水坑的深度及其平面尺寸，应按水泵的类型而确定；⑥集水池底宜设置自冲管和水位指示装置，必要时应设置超警戒水位报警装置；⑦生活排水调节池的有效容积不得大于 6 h 生活排水平均小时流量。

污水泵的选择和设置要满足以下要求：①集水池不能设置事故排出管时，污水泵应有不间断的动力供应能力；②污水水泵的启闭，应设置自动控制装置，多台水泵可并联、交替或分段投入运行；③居住小区污水水泵的流量应按小区最大小时生活排水流量选定，建筑物内的污水水泵的流量应按生活排水设计秒流量选定，当有排水量调节时，可按生活排水最大小时流量选定；④水泵扬程应按提升高度、管路系统水头损失、另附加 2～3 m 流出水头计算。

（七）雨水排水设施设备的选择

绿色建筑特别强调对非传统水源的利用，其中就包括了对于雨水的利用，因此绿色建筑雨水排水设施设备的选型应遵循以下原则和方法。①雨水排水设施设备选择要便于雨水迅速排除。②设置单独的雨水收集系统（如雨水箱或雨水池），其规模按照建筑非传统水源使用量来确定，只使用雨水作为非传统水源的建筑，雨水使用量应占总用水量的10%～60%。③雨水池或雨水箱要防腐耐用，并保证用水质量。④雨水排水管材选用应符合下列规定：重力流排水系统多层建筑宜采用建筑排水塑料管，高层建筑宜采用承压塑料管、金属管；压力流排水系统多层建筑宜采用内壁较光滑的带内衬的承压排水铸铁管、承压塑料管和钢塑复合管等，其管材工作压力应大于建筑物净高度产生的净水压。用于压流排水的塑料管，其管材抗坏变形外压力应大于 0.15 MPa；小区雨水排水系统可选用埋地塑料管、混凝土管或钢筋混凝土管、铸铁管等。⑤雨水净化设备。处理后的雨水要达到雨水二次使用的相关要求。

第二节 强弱电设施设备的设计选型

一、建筑强电系统的组成

绿色建筑的强电系统主要由供电系统、输电系统、配电系统和用电系统四大部分组成。其中，供电系统包括城市供电和自身供电两个方面，输电系统主要是指导线的配置，配电系统包括变电室、配电箱和配电柜，用电系统主要是指家用电器中的照明灯具、电热水器、取暖器、冰箱、电视机、空调、音响设备等用电器设备。

二、强电设施设备选型原则和要求

强电设施设备是建筑的主要用电设备，无论从安全角度，还是从节能的角度，强电设施设备的选择都应当慎重。为了保证绿色建筑强电设施设备能安全、有效地运行，在进行选型中必须遵循以下原则和要求：

1. 强电设施设备的选型必须遵守《绿色建筑评价标准》（GB/T 50378–2006）相关节能规定和《住宅建筑电气设计规范》（JGJ 42–2011）等建筑电工设计的相关技术规范要求。

2. 供电系统设计必须认真执行国家的技术经济政策，并应做到供电系统要完善、保障人身安全、供电可靠、电压稳定、电能质量合格、技术先进和经济合理。

3. 用电要分户、分用途设置计量仪表，并采取有效措施避免电力线破损。

4. 用电设备要高效节能，在保证相同的室内环境参数条件下，与未采取节能措施前相比，全年采暖、通风、空调调节和照明的总能耗应减少 50%。

5. 用电设备的选择应根据建筑所需的相应负荷进行计算。

6. 绿色建筑应当有自己的独立供电系统，一般应有太阳能、风能和生物能发电系统，且以上发电系统的能源占总用电量的 5% 以上。

三、强电设施设备的选型

强电设施设备的选型主要是指供电设备、输电设备、变配电设备和用电设备的选型。

1. 供电设备的选型

供电设备的选择应注意以下几个方面：

（1）一些大型的公共建筑和高层建筑，为了满足备用电量的要求而需要使用柴油发电机的，应保证机房的通风和隔噪减震要求。

（2）如果选择使用燃气发电机，应采用分布式热电冷联供技术和回收燃气余热的燃气热泵技术，提高能源的综合利用率。

（3）太阳能和风能的使用要能够满足基本的照明和弱电设备的需要，要选用高效稳定的太阳能和风能设备。

（4）生物发电要选用高效的发酵设备和发电设备，做到最大化利用。

（5）太阳能、风能和生物能发电设备均属于绿色可再生资源的发电设备，三者可以配合使用，提高能源的利用率。可再生资源的使用应占建筑总能耗的5%以上。

2. 输电设备的选型

建筑工程的输电设备通常是指输电导线，常用的导线按材料不同，可分为铝线、铜线、铁线和混合材料导线等。导线选择得合理与否，直接影响到有色金属的消耗量与线路投资，以及电力网的安全经济运行。导线的选择：首先，要满足建筑用电要求，导线的输电负荷应大于建筑用电负荷；其次，选择导电性能好、发热较小、强度较高的导线；最后，导线外皮的绝缘性能好，耐久耐腐蚀，室外导线还应耐高温和耐低温。总之，导线和电缆界面的选择必须满足安全、可靠和经济的条件。

3. 变配电设备的选型

变配电设备担负着接受电能、变换电压、分配电能的任务，常用的有变压器、配电柜和低压配电箱。变配电设备的选型应满足以下要求：

（1）变配电设备的选型应符合建筑电工设计的相关技术规范要求。

（2）变压器的选择：首先，要调查用电地方的电源电压，用户的实际用电负荷和所在地方的条件；其次，参照变压器铭牌标示的技术数据逐一选择，一般应从变压器容量、电压、电流及环境条件综合考虑，其中，容量选择应根据用户用电设备的容量、性质和使用时间来确定所需的负荷量，以此来选择变压器容量。

（3）配电柜和低压配电箱应选择使用方便、安全可靠、发热量小、散热好的设备。

4. 用电设备的选型

建筑强电的用电设备的种类很多，常见的有照明灯具、洗衣机、微波炉、电热水器、取暖器、冰箱、电视机、空调、音响设备等。在进行用电设备选型时，对绿色建筑的绿色化和人性化两个方面做出如下选择要求：

（1）所有选择的用电设备必须符合《绿色建筑评价标准》（GB/T 50378-2006）中的相关等级要求。

（2）公共场所和部位的照明采用高效光源和高效灯具，并采取其他节能控制措施，其照明功率密度应符合《建筑照明设计标准》（GB 50034-2013）中的规定。在自然采光的区域设定时或光电控制的照明系统。

（3）空调采暖系统的冷热源机组能效比应符合国家和地方公共建筑节能标准有关规定。

（4）当设计采用集中空调（含户式中央空调）系统时，所选用的冷水机组或单元式空调机组的性能系数（能效比）应符合国家标准《公共建筑节能设计标准》（GB 50189-2005）中的有关规定值。

（5）选用效率高的用能设备，如选用高效节能电梯、集中采暖系统热水循环水泵的耗电输热比、集中空调系统风机单位风量耗功率和冷热水输送能效比应符合《公共建筑节能设计标准》（GB 50189-2005）中的规定。

四、建筑弱电系统的组成

建筑弱电系统工程是一个复杂的系统工程，是多种技术的集成和多门学科的综合，是智能建筑的重要组成部分，智能建筑弱电系统有 3A、5A 之分。3A 是指智能建筑弱电系统由建筑设备自动化系统（简称 BAS）、通信自动化系统（简称 CAS）和办公自动化系统（简称 OAS）三个系统组成。5A 是指智能建筑弱电系统由建筑设备自动化系统（BAS）、通信自动化系统（CAS）、办公自动化系统（OAS）、消防自动化系统（简称 FAS）和安全防范自动化系统（简称 SAS）五个系统组成。

五、弱电设施设备选型原则和要求

1.弱电设施设备的选型应符合《绿色建筑评价标准》（GB/T 50378-2006）中的如下要求：楼宇自控系统功能完善，各子系统均能实现自动检测与控制。

2.弱电设施设备的选择要便于操作和使用，并满足人性化的要求。

3.弱电设施设备的选用要保证其使用的可靠性和安全性。

4.广播等音像系统要选择噪声很小的设备，满足《民用建筑隔声设计规范》（GB 50118-2010）中室内允许噪声标准一级要求。

5. 无线电设备等带有辐射的电子设备，其辐射值应在安全范围以内。

6. 建筑弱电系统应选择集成智能设备，能够实现建筑智能化管理。

六、建筑弱电设施设备的选型

（一）建筑设备自动化系统

建筑设备自动化系统设备的选型应符合下列要求：

1. 自动监视并控制各种机电设备的起、停，显示或打印当前运转状态。

2. 自动检测、显示、打印各种机电设备的运行参数及其变化趋势或历史数据。

3. 根据外界条件、环境因素、负载变化情况自动调节各种设备，使之始终运行于最佳状态。

4. 监测并及时处理各种意外、突发事件。

5. 实现对大楼内各种机电设备的统一管理、协调控制。

6. 能源管理，能源管理是指水、电、气等的计量收费自动化。

7. 设备管理，设备管理主要包括设备档案、设备运行报表和设备维修管理等。

（二）通信自动化系统

智能建筑作为信息社会的节点，其信息通信系统已成为不可缺少的组成部分。通信自动化系统设备的选型应符合下列要求。

（1）智能建筑中的通信系统应具有对于来自建筑物内外各种不同信息进行收集、处理、存储、传输和检索的能力。

（2）能为用户提供包括语音、图像、数据乃至多媒体等信息的本地和远程传输的完备通信方式和最快、最有效的信息服务。

（三）办公自动化系统

办公自动化系统设备的选型应符合下列要求：

1. 办公自动化系统是利用技术的手段提高办公的效率，进而实现办公自动化处理的系统，所选用设备应实现这一目标。

2. 采用 Internet/Intranet 技术，基于工作流的概念，使内部人员方便快捷地共享信息，高效地协同工作。

3. 改变过去复杂、低效的手工办公方式，实现迅速、全方位的信息采集、信息处理，为企业的管理和决策提供科学的依据。

(四) 消防自动化系统

1. 触发器件

在火灾自动报警系统中，自动或手动产生火灾报警信号的器件称为触发器件。触发器件主要包括火灾探测器和手动报警装置。按火灾参数的不同，火灾探测器可分为感温火灾探测器、感烟火灾探测器、感火火灾探测器、可燃气体火灾探测器和复合火灾探测器五种。

火灾探测器的选择应遵循以下原则：①针对不同类型的火灾选择不同的火灾探测器，做到因材适用；②应当按国家现行标准的有关规定合理选择火灾探测器；③火灾探测器要选择质量安全、性能可靠的产品，保证在特定的环境中能正常起到监控作用；④应选择报警准确和智能化的火灾探测器，提高报警的精度、自动化和智能化水平。

2. 火灾报警装置

在火灾自动报警系统中，用以接受、显示和传递火灾报警信号，并能发出控制信号和具有其他辅助功能的控制指示设备称为火灾报警装置。火灾报警控制器按其用途不同，可分为区域火灾报警控制器、集中火灾报警控制器、通用火灾报警控制器三种类型。绿色建筑火灾报警控制器的选择应满足准确性、安全性、可靠性和智能化的要求。

3. 火灾警报装置

在火灾自动报警系统中，用以发出区别于环境声、光的火灾警报信号的装置称为火灾警报装置。警报装置主要是指警铃、声光装置，是在火灾发生时，发出声音和光来提醒人们知道火灾已经发生。火灾警报器是一种最基本的火灾警报装置，通常与火灾报警控制器组合在一起，它以声、光音响方式向报警区域发出火灾警报信号，以警示人们采取安全疏散、灭火救灾措施。

4. 消防电源

消防电源适用于当建筑物发生火灾时，其作为疏散照明和其他重要的一级供电负荷提供集中供电，在交流市电正常时，由交流市电经过互投装置给重要负载供电，当交流市电断电后，互投装置将立即投切至逆变器供电，供电时间由蓄电池的容量决定，当交流市电的电压恢复时应急电源将恢复为市电供电。

(五) 安全防范自动化系统

1. 入侵报警子系统

入侵报警子系统利用传感器技术和电子信息技术，探测并指示非法进入或试图非法进入设防区域（包括主观判断面临被劫持或遭抢劫或其他危急情况时，故意触发紧急报警装置）的行为、处理报警信息、发出报警信息的电子系统或网络。

入侵报警子系统的选型应遵循下列原则：①要便于布防和撤防，因为正常工作时需要布防，下班时需要撤防，这些都要求很方便地进行操作；②要满足布防后的需要延时要求；③要选择防破坏性强的系统，如果遭到破坏应有自动报警功能。

2. 电视监视子系统

电视监视子系统是安全防范体系中的一个重要组成部分，可以通过遥控摄像机监视场所的一切情况，可与入侵报警子系统联动运行，从而形成强大的防范能力。电视监视子系统包括摄像、传输、控制、显示和记录系统。

电视监视子系统的选型应遵循下列原则：①全套设备要性能优越、经济适用、防破坏性强；②摄像机的选择根据实际需要分辨率和灵敏度，选择黑白或彩色摄像机，黑暗地方的监视要配备红外光源；③镜头的选择主要是依据观察的视野和宽度变化范围，同时，兼顾选用的 CCD 的尺寸；④传输系统根据实际情况选用电缆或无线传输。

3. 出入口控制系统

出入口控制系统也称为禁管制系统，主要由读卡机、出口按钮、报警传感器、报警喇叭、控制器、数据通信处理器等组成。系统对重要通道、要害部门的人员进出进行集中管理和控制，配合电磁门可自动控制门的开、关，并可记录、打印出人员的身份、出入时间、状态等信息。

选择读卡机卡片时应满足以下原则：①满足智能化和人性化的要求，要根据《绿色建筑评价标准》（GB/T 50378-2006）的不同等级要求进行选择；②卡片要方便人的使用，自动化门的选择要满足节能要求，质量可靠，使用耐久；③计算机管理系统除了完成所有要求的功能外，还应有美观、直观的人机界面，使工作人员便于操作。

4. 巡更子系统

巡更子系统是技术防范与人工防范的结合，巡更系统的作用是要求保安值班人员能够按照预先随机设定的路线，顺序地对各巡更点进行巡视，同时也保护巡更人员的安全。这是在巡更的基础上添加现代智能化技术，加入巡检线路导航系统，可实现巡检地点、人员、事件等显示，便于管理者管理。

巡更系统是一种对门禁系统的灵活运用。它主要应用于大厦、厂区、库房和野外设备、管线等有固定巡更作业要求的行业中。它的工作目的是帮助各单位的领导或管理人员利用本系统来完成对巡更人员和巡更工作记录，进行有效的监督和管理，同时系统还可以对一定时期的线路巡更工作情况做详细记录。

5. 停车场管理系统

停车场管理系统是通过计算机、网络设备、车道管理设备搭建的一套对停车场车辆出入、场内车流引导、收取停车费进行管理的网络系统。是专业车场管理公司必备的工具。它通过采集记录车辆出入记录、场内位置，实现车辆出入和场内车辆的动态和静态的综合管理。系统一般以射频感应卡为载体，通过感应卡记录车辆进出信息，通过管理软件完成收费策略实现、收费账务管理、车道设备控制等功能。

全自动停车场管理系统应包括车库入口引导控制器、入口验读控制器、车牌识别器、车库状态采集器、泊位调度控制器、车库照明控制器、出口验读控制器、出口收费控制器。所有的控制设备是停车场系统的关键设备，是车辆与系统之间数据交互的界面，也是实现友好用户体验的关键设备。

6. 楼宇保安对讲系统

楼宇保安对讲系统是由在各单元口安装的防盗门、小区总控中心的管理员总机、楼宇出入口的对讲主机、电控锁、闭门器及用户家中的可视对讲分机以及专用网络组成。以实现访客与住户对讲，住户可遥控开启防盗门，各单元梯口访客再通过对讲主机呼叫住户，对方同意后方可进入楼内，从而限制了非法人员进入。同时，若住户在家发生抢劫或突发疾病，可通过该系统通知保安人员以得到及时的支援和处理。

第三节 暖通空调设施设备的设计选型

一、供暖设施设备的基本组成

供暖设施设备是指为使人们生活或进行生产的空间保持在适宜的热状态而设置的供热设施。供暖系统由热源、热循环系统、散热设备三部分组成。传统的供暖热源是燃烧燃料或用电热元件产热。随着化石燃料来源日趋紧张，回收工业生产排放的余热和收集并利用大自然中存在的热已成为很受重视的供暖热源。正确地选择供暖设备也对供暖节能很有意义。重视热媒输送管道及其附件的维修，可以减少供暖管道的无益热耗。供暖设备的运行调节可以消灭供暖过热的浪费现象。利用工业余热作为供暖热源可以大量节约供暖能源。按照用热量分户收取供暖费，可以促进用户关心节能。

二、供暖设施设备选型原则和要求

供暖设备是建筑三大设备之一，也是建筑的主要能源消耗设备之一，供暖设备的选型如何不仅直接关系到供暖效果，而且也关系到经济效益和管理难易，因此绿色建筑供暖设备的选择必须满足以下原则和要求：

1. 供暖设备是消耗能量的主要设备，各种建筑供热设备的选择必须遵循低能耗、高效率的原则。

2. 选用效率高的用能设备，集中采暖系统热水循环水泵的耗电输热比应符合《公共建筑节能设计标准》（GB 50189-2005）中的规定。

3. 设置集中采暖和（或）集中空调系统的住宅，应采用能量回收系统（装置）。

4. 采暖和（或）空调的能耗不应高于国家和地方建筑节能标准规定值的80%。

5. 建筑采暖与空调热源的选择，应符合《公共建筑节能设计标准》（GB 50189-2005）中第5.4.2条的规定。

6. 建筑所需蒸汽或生活热水应选用余热或废热利用等方式提供。

7. 在条件允许的情况下，宜采用太阳能、地热、风能等可再生能源利用技术。

三、供暖设施设备的选型

供暖设施设备的选型主要包括：热源的选择、换热器的选择、散热器的选择、水泵的选择、膨胀水箱的选择、集气罐和自动排气阀的选择、补偿器的选择、平衡阀的选择、其他部件的选择。

（一）热源的选择

供暖用的热源种类很多，无论使用哪一种热源，必须遵守以下要求和原则：

1. 根据建筑的热负荷选择适合建筑需要的锅炉容量和供热量，建筑的热负荷的计算参照《民用建筑采暖通风与空气调节设计规范》（GB 50736-2012）和《采暖通风与空气调节设计规范》（GB 50019-2003）中的规定。

2. 选择低能耗、高效率的设备；锅炉的额定热效率应符合下列规定：a.燃煤蒸汽、热水锅炉为78%；b.燃油、燃气蒸汽、热水锅炉为89%。

3. 锅炉的性能要安全可靠、设备的耐久性能好、运行污染小，运行后的排放物要符合国家标准。

4. 选用的热源设备要有二次循环系统，对废渣、废气进行二次利用。

5. 绿色建筑要求使用清洁高效的能源，因此要积极推广使用太阳能、生物能和地热等可再生的热源。

6. 燃油、燃气或燃煤锅炉的选择应符合下列规定：锅炉房单台锅炉的容量，应确保在最大热负荷和低谷热负荷时都能高效运行；应充分利用锅炉产生的多种余热。

（二）换热器的选择

换热器是一种在不同温度的两种以上流体间实现物料之间热量传递的节能设备。用于建筑的换热器的种类很多，按其工作原理不同，可分为表面式换热器、混合式换热器和回热式换热器三类。

换热器的选择要满足以下要求：要满足经济节约的要求，减少水量和投资；遵循循环利用的原则，要求水可以循环利用或其他作用；要满足人性化要求，可以根据需要调节室温。

（三）散热器的选择

散热器是供暖系统中的热负荷设备，负责将热媒携带的热量传递给空气，达到供暖的目的，散热器大多数都由钢或铁铸造，具有多种形式，常用的有柱形散热器、翼形散热器和钢串片对流散热器等。

散热器的选择应符合下列要求。

1.散热器的工作压力，应满足系统的工作压力的要求，并符合国家现行有关产品标准的规定。

2.民用建筑宜采用外形美观、易于清扫的散热器；放散粉尘或防尘要求较高的工业建筑，应采用易清扫的散热器。

3.具有腐蚀性气体的工业建筑或相对湿度较大的房间，应采用耐腐蚀的散热器。

4.采用钢制散热器时，应采用闭式系统，并满足产品对水质的要求，在非采暖季节采暖系统应充水进行保养。

5.蒸汽采暖系统不应采用钢制柱形散热器、板形散热器和扁管散热器。

6.采用铝制散热器时，应选用内防腐的铝制散热器，并满足产品对水质的要求。

7.安装热量表和恒温阀的热水采暖系统，不宜采用水流通道内含有粘砂的铸铁等散热器。

（四）水泵的选择

建筑供暖系统中常用的水泵是离心式水泵。水泵的选择首先必须满足公共建筑节能设计标准，要选择低能高效的设备，要求水泵漏水小。集中热水采暖系统热水循环水泵的耗电输热比（EHR），应符合《民用建筑节能设计标准》（JGJ 26-1995）和《公共建筑节能设计标准》（GB 50189-2005）中的规定。

（五）膨胀水箱的选择

膨胀水箱是热水采暖系统和中央空调水路系统中的重要部件，它的作用是收容和补偿系统中水的胀缩量。

膨胀水箱的选择要符合下列标准和原则：

1. 膨胀水箱的水容积选择应根据供暖系统的温度和水容积来确定，通常情况下按照系统水容积的 0.34% ～ 0.43% 来选择。具体的选型也可查阅《暖通空调系统设计手册》。

2. 膨胀水箱的接管（溢水管、排水管、循环管、膨胀管和信号管）的管径应根据膨胀水箱的型号进行选择。

3. 从绿色建筑使用安全和节约材料方面讲，膨胀水箱质量要安全可靠、经久耐用。

4. 系统中的水要循环使用，其水质应满足相关使用规定。

（六）集气罐和自动排气阀的选择

集气罐和自动排气阀用于供暖系统中空气的排除，排气干管顺坡设置时要放大管径，集气管接出的排气管径一般应用 DN15；当集气罐安装高度不受限制时，宜选用立式；在较大的供暖系统中，为了方便管理要选择自动排气阀。

（七）补偿器的选择

补偿器习惯上也叫膨胀节或伸缩节，属于一种补偿元件。由构成其工作主体的波纹管和端管、支架、法兰、导管等附件组成。利用其工作主体波纹管的有效伸缩变形，以吸收管线、导管、容器等由热胀冷缩等原因而产生的尺寸变化。

供暖系统要根据管道增长量选择合适的补偿器，增长量的计算参照相对应的技术规范；有条件时可以采用自然弯曲代替补偿器，以减少成本；地方狭小时可采用套管补偿器和波纹管补偿器，但应选择补偿能力大，又耐腐蚀的补偿器。

（八）平衡阀的选择

平衡阀是在水力工况下起到动态、静态平衡调节功能的阀门。平衡阀是绿色建筑节能设计中的重要部件，它能有效地保证管网内热力平衡，消除个别建筑室内温度过高或过低的弊病，可以节煤、节电 15% 以上。要根据热力网内流量选择适合的平衡阀，流量的计算参照相对应的技术规范；所选用的平衡阀要安全可靠、不漏水；平衡阀要安装在需要的位置，以避免浪费。

四、通风设施设备选型原则和要求

通风设施设备是保证绿色建筑内部空气质量良好的重要设备，是建筑绿色化的重要评价指标，因此，在进行通风设施设备选型时应遵循下列原则和要求：

1.能采用自然通风的建筑，应尽量避免采用机械通风；需要采用机械通风的建筑，装置的选择应符合相应的节能标准和技术规范。

2.使用时间、温度、湿度等要求条件不同的空气调节区，不应划分在同一个空气调节风系统中。

3.房间面积或空间较大、人员较多，或有必要集中进行温度、湿度控制的空气调节区，其空气调节风系统宜采用全空气调节系统，不宜采用风机盘管系统。

4.设计全空气调节系统并当功能上无特殊要求时，应采用单风管送风方式。

5.建筑物内设有集中排风系统且符合下列条件之一时，宜设置排风热回收装置：①排风热回收装置（全热和显热）的额定热回收效率不应低于60%；②送风量大于或等于3000 m³/h的直流式空气调节系统，且新风与排风的温度差大于或等于81 ℃；③设计新风量大于或等于4000 m³/h的直流式空气调节系统，且新风与排风的温度差大于或等于80 ℃；④设有独立新风和排风的系统。

6.当有条件时，空气调节送风宜采用通风效率高、空气的置换通风型送风模式。

五、通风设施设备的选型

（一）风机的选择

风机是通风系统中为空气流动提供动力，以克服输送过程中阻力损失的机械设备，在建筑通风工程中通常使用离心风机和轴流风机。风机的选择应符合下列规定。①在选择风机时，应结合通风管网系统实际情况，确定所需要的风机各项参数取值范围，再从各型号风机中选择参数值能够匹配的风机。②应选择噪声小的风机，避免产生噪声污染，风机要质量可靠，使用年限长久。

（二）风管的选择

绿色建筑风管的选择，主要是选择风管的质量、形式、大小和材料，通风管的选择必须符合下列规定。

1.通风、空气调节系统的风管，宜采用圆形或长短边之比不大于4的矩形截面，其最大长短边之比不应超过10。风管的截面尺寸，宜按国家现行标准《通风与空调工程质量

验收规范》（GB 50243-2002）中的规定执行。

2.除尘系统的风管，宜采用明设的圆形钢制风管，其接头和接缝应严密、平滑。

3.通风设备、风管及配件等，应根据其所处的环境和输送的气体或粉尘的温度、腐蚀性等，采用防腐材料制作或采取相应的防腐措施。

4.与通风机等振动设备连接的风管，应装设挠性接头。

5.对于排除有害气体或含有粉尘的通风系统，其风管的排风口宜采用锥形的风帽或防雨的风帽。

（三）风阀的选择

风阀是工业厂房民用建筑的通风、空气调节及空气净化工程中不可缺少的中央空调末端配件，一般用在空调、通风系统管道中，用来调节支管的风量，也可用于新风与回风的混合调节。风阀可以分为一次调节阀、开关阀和自动调节阀等，自动调节阀多采用顺开式多叶调节阀和密封对开调节阀。

（四）风口的选择

通风系统的风口分为进气口和排气口两种。在选择风口时应注意如下事项：进气口的选择应根据风量和分风的需要来确定；同时，为了保证绿色建筑的美观，风口的选择也应美观大方；风口是灰尘累积的地方，为了保证空气的质量，风口要便于清洗。

（五）净化设备的选择

除尘器的选择，应根据下列因素并通过技术经济比较确定：

1.含尘气体的化学成分、腐蚀性、爆炸性、温度、湿度、露点、气体量和含尘浓度；粉尘气体的化学成分、密度、粒径分布、腐蚀性、亲水性、磨琢度、比电阻、黏结性、纤维性、可燃性、爆炸性等。

2.净化后气体的容许排放浓度。

3.除尘器的压力损失和除尘效率。

4.粉尘的回收价值及回收利用的形式。

5.除尘器的设备费、运行费、使用寿命及外部水、电源条件等。

6.净化设备系统维护管理的繁简程度。

六、空调设施设备选型原则和要求

（1）具有城市、区域供热或工厂余热时，宜选其作为采暖或空调的热源。

（2）具有热电厂的地区，宜推广利用电厂余热的供热、供冷技术。

（3）具有充足的天然气供应的地区，宜推广应用分布式热电冷联供和燃气空气调节技术，实现电力和天然气的削峰填谷，提高能源的综合利用率。

（4）具有多种能源（如热、电、天然气等）的地区，宜采用复合式能源供冷、供热技术。

（5）具有天然水资源或地热源可供利用时，宜采用水（地）源热泵供冷、供热技术。

七、空调设施设备的选型

（一）空调机组的选型

在空气调节系统中，空气的处理是由空气处理设备或空气调节机组来完成。空气处理设备要对空气进行加热、冷却、除湿、净化、消声等处理。空调机组按照安装方式不同，可分为卧式组合空调机组、吊装式空调机组和柜式空调机组。

（二）空气加湿和减湿设备的选型

为了满足室内空间的空气湿度的特殊要求，必须对空气进行加湿和减湿处理，这就需要选择空气加湿和减湿设备，主要包括空气加湿处理设备和减湿处理设备。其中，空气加湿处理设备包括蒸汽加湿设备、水蒸发加湿器和电加湿器，减湿处理设备包括冷却减湿器、固体吸湿剂和液体吸湿剂三种。空气加湿和减湿设备的选型必须遵照节能高效的原则，吸湿剂的选择要无害无毒。

（三）空气净化处理设备的选型

空气净化处理，就是通过空气过滤及净化设备去除空气中的悬浮尘埃。其中，主要的空气净化处理设备就是空气过滤器。空气过滤器按照工作原理不同，可分为金属网格浸油过滤器、干式纤维过滤器和静电过滤器等。空气净化处理设备直接影响到空气的质量，在进行选择时必须依据以下原则：设备的选择要根据实际情况，选择最实用的除尘设备；选择可以多次重复使用的格网材料，最大限度地节约材料；除尘设备中的吸尘设备要便于清洗。

（四）空气输送和分配设备的选型

空气调节系统中的输送与分配是利用通风机、送回风管及空气分配器和空气诱导器来实现。风管用的材料应表面光洁、质量较轻，要方便加工和安装，并有足够的强度和刚度，并且有较强的抗腐蚀性。常用的风管材料有薄钢板、铝合金板或镀锌薄钢板。空气调节风管绝热层的最小热阻应符合相关规定。需要保冷管道的要设置绝热层、隔气层和保护层；风机的选择要根据室内送风量来选择，同时，要选择节能高效的设备；空气分配器和空气诱导器的选择首先要美观实用，其次要便于清洗。

第四节 人防消防设施设备的设计选型

一、人防工程设施设备系统的组成

人防工程是为了在战争发生时能够提供短时间的庇护场所，为确保在这个系统中的人员正常生活和工作，应当具有一套完整的生命线工程，其主要的设施设备和地面建筑一样，包括排水设施设备、消防设施设备、通风排风设备、电力照明设备等。

人防工程通常由人员生活设施和防护设施两部分组成。其中，防护设施是人防工程的特殊设施，人防工程依靠这些设施达到各种防护要求，起到防护作用。

（一）工程的密闭设施

主要由防护密闭门、密闭门、防毒通道和洗消间组成。它的作用是阻止染毒空气进入工程内。防护密闭门还能防冲击波，既能起到防护作用，又能起到密闭作用。两个相邻密闭门之间的空间称作防毒通道，能降低漏入毒剂浓度，便于人员进出。

（二）滤毒通风设施

主要由滤尘器、滤毒器和风机、管道等设备组成。滤尘器和滤毒器分别起到滤除烟尘、毒雾和吸附毒剂蒸气的作用，过滤出来的空气由风机通过管道送入人防工程内室。

（三）洗消设施

包括洗消间、消毒药品、洗消器材等。用于对进入人员进行局部或全身洗消，以避免人员将毒剂带入内室，保障内室安全。

除以上三种设施外，人防工程中还有防化报警和监测化验器材，主要用于发现外界空气是否染毒，监测工程内气体成分变化情况和人员受放射性照射情况，等等。

二、人防设施设备选型原则和要求

人防工程和地面建筑工程不同的是，人防工程真正使用的时期非常特殊，一般在城市发生空隙、战乱时才启用，因此，人防工程不但需要一整套的生命线系统工程，而且这些生命线工程所采用的设施设备都有特殊的要求：①所有设施设备的选择必须满足相应的人防工程设计规范的有关规定；②绿色化的人防工程设施设备不但要保证使用安全，还应提高使用效率和节能，《公共建筑节能设计标准》（GB 50189-2005）中的有关规定；③人防设备按要求设计备用系统，以防止突发事件的发生。

三、人防设施设备的选型

人防设施设备的选型，主要包括人防通风设备的选型、人防排烟设备的选型、人防给排水设备的选型、人防照明设备的选型。

（一）人防通风设备的选型

战时防护通风系统应具备和满足清洁式、过滤式通风和隔绝式通风三种通风方式的要求。人防通风设备选型的主要内容应包括送风机、粗过滤器、过滤吸收器，以及防爆破（防核爆冲击波）活门的选择，根据《人民防空地下室设计规范》（GB 50038-2005）、《人民防空工程设计防火规范》（GB 50098-2009）中的相关规定，人防通风设备的选择应满足下列规定。

1. 风机的选型

风机首先要节能高效，其次要安全可靠，应当选用非燃材料制作的风机，另外风机的选择应满足建筑室内新风量的要求。

2. 通风管的选型

首先，通风管应当选用非燃材料制作。但接触腐蚀性气体的风管及柔性接头，可采用难燃材料制作；其次，风管和设备的保温材料应采用非燃材料；最后，消声、过滤材料及胶黏剂应采用非燃材料或难燃材料。

3. 防火阀的选型

防火阀的温度熔断器与火灾探测器等联动的自动关闭装置等一经动作，在发生火灾时防火阀应能顺气流方向自行严密关闭。温度熔断器的作用温度宜为 70 ℃。

4. 防爆破活门的选型

排风系统相对于防护送风系统，设备较少，管道简单，设备的选型主要是防爆破活门；自动排气阀门或防爆超压自动排气活门的选择计算。防爆破活门的确定与送风系统相同，但应注意，如果平时通风与战时通风合用消防设施时，应选用门式防爆破活门。

5. 过滤吸收器的选择

所选用的过滤吸收器应符合下列要求：滤毒通风的新风量应满足表 5-1 的要求，且应满足最小防毒通道换气量的要求。

表 5-1 四桶式 300 型过滤吸收器的性能

型号	炭层厚 /cm	装药种类	防毒时间（氯化氢 2mg/L）b	气流压力损失 /Pa	油雾透过系数	质量 /kg	抗冲击波压方 /Pa	外形尺寸 /mm
LD-300-2 四桶式	6.0	13#	3	<400	0.001%	<95	2.94×10^4	526 × 526 × 765
	6.0	19#	4	<650	0.001%	<100	2.94×10^4	
LD-300-1 四桶无边式	6.0	13#	1	<400	0.001%	<75	2.94×10^4	2490×490×720
	6.0	19#	2	<650	0.001%	<80	2.94×10^4	

6. 密闭阀的选型人防工程中常用的密闭阀参数见表 5-2。

表 5-2 常用的密闭阀参数

手动密闭阀		手动电动两用密闭阀	
公称直径 DN	允许通过风量（m³/h）	公称直径 DN	允许通过风量（m³/h）
150	<600	200	<1100
200	<1100	300	<2500
300	<2500	400	<4500
400	<4500	600	<11000
500	<7000	800	<18000
600	<11000	1000	<28000
700	<13500	1200	<50000
800	<18000		
900	<22000		

（二）人防排烟设备的选型

根据我国现行标准中的规定，人防工程下列部位应设置机械排烟设施：①建筑面积大于 50 m²，且经常有人停留或可燃物较多的房间、大厅和丙、丁类生产车间；②总长度大于 20 m 的疏散走道；③电影放映间、舞台等。人防工程的排烟设备的选型，主要包括进风管、排烟风机和排烟口。

1. 进风管

进风管要求有爆破能力，为此一般均采用 2 mm 厚的钢板焊制而成。清洁通风风管、密闭阀、滤毒通风风管均应按要求选择大小，管道出机房时应设防火阀，并与风机连锁。同时由于地下室夏季比较潮，其送风管宜采用玻璃钢制品。

2. 排烟风机

在人防工程排烟设备的选型中，当走道或房间采用机械排烟时，排烟风机的风量计算应符合《人民防空工程设计防火规范》（GB 50098-2009）中的相关要求；排风机要节能高效，满足公共建筑节能设计规范的相关要求；排烟风机与排烟口应设有联动装置，当任何一个排烟口开启时，排烟风机应自动启动；排烟风机的入口处，应设置当烟气温度超过 280 ℃时能自动关闭的防火阀，并与排烟风机连锁。

3. 排烟口

根据《人民防空工程设计防火规范》中第 5.1.5 条规定：走道或房间采用自然排烟时，其排烟口的总面积（当利用采光窗并排烟时为窗口排烟的有效面积）不应小于该防烟分区面积的 2%，排烟口、排烟阀门、排烟管道必须用非燃材料制成。

（三）人防给排水设备的选型

人防给排水系统是人防工程中重要的生命线系统，人防设施的给水设备的选择必须遵守以下原则：人防的给排水设施的选择首先必须满足《人民防空工程设计防火规范》（GB 50098-009）中的相关要求；人防给排水设施的能耗设施满足相应的能耗要求；人防给排水设施要有一定的防火、防冲击波的能力。

（四）人防照明设备的选型

人防工程多数处于地下，室内环境与地面工程有很大不同。人防工程内潮湿场所应采用防潮型的灯具，柴油发电机的油库、蓄电池室等房间应采用密闭型的灯具。

四、消防设施系统的主要组成

火灾自动报警系统是由触发装置、火灾报警装置、联动输出装置以及具有其他辅助功能装置组成的，它具有能在火灾初期，将燃烧产生的烟雾、热量、火焰等物理量，通过火灾探测器变成电信号，传输到火灾报警控制器，并同时以声或光的形式通知着火层及上下邻层疏散，控制器记录火灾发生的部位、时间等，使人们能够及时发现火灾，并及时采取有效措施，扑灭初期的火灾，最大限度地减少因火灾造成的生命和财产的损失，是人们同火灾进行斗争的有力工具。

灭火及消防联动系统主要包括灭火装置、减灭装置、避难应急装置和广播通信装置四部分组成。灭火装置又由消火栓给水系统、自动喷水灭火系统和其他常用灭火系统组成；减灭装置主要是防火门和防火卷帘；避难应急装置包括切断电源装置、应急照明、应急疏散门和应急电梯等；广播通信装置包括消防广播和消防专用电话。

五、消防设施设备选型原则和要求

1.绿色建筑内部所有的消防设施的布置和选择，必须严格遵守《建筑设计防火规范》（GB 50016–2006）中的相关规定。

2.灭火系统设施设备的选型，要根据建筑本身的防火要求来确定。

3.要根据建筑的防火面积来选择具有相应消防能力的消防设备。

4.要选择节水高效的消防设备，满足绿色建筑的节水、节材和节能的要求。

5.所选择的消防设备均要满足一定耐火性能的要求。

6.一些需要人力手动操作的消防设备，要求动作简单、操作方便。

六、消防设施设备的选型

消防设施设备的选型，主要包括消防给水设备的选型、消火栓系统设备的选型、自动灭火装置的选型、减灭装置的选型、避难及广播通信装置的选型。

（一）消防给水设备的选型

消防给水设备的选择，主要包括水源、水压的选择等。根据绿色建筑的节水要求，绿色建筑消防水源应当采用非传统水源；绿色建筑的消防给水量和水压，应当根据建筑用途及其重要性、火灾特性和火灾危险性等综合因素确定；消防水池和水泵的选择，应符合建筑消防标准和建筑节能相关标准的要求。

（二）消火栓系统设备的选型

采用消火栓灭火是最常用的灭火方式，它由蓄水池、加压送水装置（水泵）及室内消火栓等主要设备构成，这些设备的电气控制包括水池的水位控制、消防用水和加压水泵的启动。水位控制应能显示出水位的变化情况和高、低水位报警及控制水泵的开停。室内消火栓系统由水枪、水龙带、消火栓、消防管道等组成。为保证喷水枪在灭火时具有足够的水压，需要采用加压设备。常用的加压设备有消防水泵和气压给水装置两种。

（三）自动灭火装置的选型

自动灭火装置主要由探测器、灭火器、数字化温度控制报警器和通信模块四部分组成。可以通过装置内的数字通信模块，针对防火区域内的实时温度变化、警报状态及灭火器信息进行远程监测和控制，不仅可以远程监视自动灭火装置的各种状态，而且可以掌握防火区域内的实时变化，火灾发生时能够最大限度地减少生命和财产损失。

自动灭火装置按喷头的开闭形式不同，可分为闭式自动喷水灭火系统和开式自动喷水灭火系统。闭式自动喷水灭火系统有湿式、干式、干湿式和预作用自灭火系统；开式自动喷水灭火系统有雨淋喷水、水幕和水喷雾灭火系统。除此之外，二氧化碳灭火系统、泡沫灭火系统、干粉灭火系统和移动灭火器等多种类型灭火系统的选择首先要根据实际需要而选择设定，总体应遵循经济适用的原则。

（四）减灭装置的选型

减灭装置的选型，主要包括排烟装置的选型、防火门和防火卷帘的选择。

1. 排烟装置的选型

排烟装置的选型应满足下列要求：

①排烟风机的全压力应满足排烟系统最不利环路的要求，其排烟量应当考虑10% ~ 20% 的漏风量。②排烟风机应能在 280 ℃的环境条件下连续工作不少于 30 min，且在排烟风机入口处的总管上，应设置当烟气温度超过 280 ℃时能自行关闭的排烟防火阀，该阀应与排烟风机连锁，当该阀关闭时排烟风机应能停止运转，当排烟风机及系统中设置有软接头时，该软接头应能在 280 ℃的环境条件下连续工作不少于 30 min。③排烟风机可采用离心风机或排烟专用的轴流风机，且机械排烟系统的排烟量应遵循《建筑设计防火规范》（GB 50016–2006）中的相关规定。

2. 防火门和防火卷帘的选择

①防火卷帘的耐火极限时间不应低于 3.00 h，防火卷帘的性能应符合《门和卷帘耐火

试验方法》（GB 7633-2008）中的相关规定。②防火卷帘应具有良好的防烟性能。

（五）避难及广播通信装置的选型

避难及广播通信装置的选型应遵循以下原则：切断电源装置、应急照明、应急疏散门和应急电梯等应急避难装置要安全可靠，保证火灾情况发生时能够安全正常地工作；消防广播和消防专用电话要保证在火灾发生时能够正常使用。特别是在绿色建筑中的应急设施要杜绝不正常情况的发生。

第五节 其他系统设施设备的设计选型

一、燃气设施系统的组成

绿色建筑的燃气系统一般是指室内燃气系统，一个完整的室内燃气系统包括供气系统、输气设备和用气设备三大部分。其中，通常所说的供气系统有城市管道供气、瓶装供气，绿色建筑鼓励并要求采用非传统气源；输气设备是指输气管道和仪表等；用气设备通常包括燃气灶具、燃气热水器、燃气发电机等。

二、燃气设施设备选型原则和要求

燃气系统是纯粹消耗能源的系统，也是绿色建筑重要的能源系统，特别是对于民用建筑来说，燃气系统是满足居民生活需求的主要能源之一，因此，燃气设施设备的选型要遵守以下原则：①选择清洁高效的气源，以免造成环境污染和不必要的浪费；②要尽量使用非传统气源（如沼气等）；③燃气用具要节能高效，安全可靠；④输送管道、燃气表要根据用气负荷来选择，要保证使用安全，不出现漏气。

三、电梯设施设备的选型

电梯是建筑内部垂直交通运输工具的总称。目前，电梯按照用途不同可以分为乘客电梯、货运电梯、医用电梯、杂物电梯、观光电梯、车辆电梯、船舶电梯、建筑施工电梯和其他类型的电梯；按运行速度不同可以分为低速电梯、中速电梯、高速电梯和超高速电梯。

电梯作为建筑内部的一种重要的垂直交通运输工具，绿色建筑在选择电梯时应遵循以下原则：①绿色建筑选择的电梯必须高效节能，《绿色建筑评价标准》中明确了绿色建筑要求节能，必须选择效率高的用能设备；②绿色建筑选用的电梯要安全舒适，有良好的照明和通风；③绿色建筑内的电梯要有良好可靠的应急系统。

四、通信设施设备的选型

通信网络系统是保证建筑物内的语音、数据、图像能够顺利传输的基础，它同时与外部通信网络如公共电话网、数据通信网、计算机网络、卫星通信网络及广播电视网相连，与世界各地互通信息，向建筑物提供各种信息的网络。绿色建筑通信设施设备应满足下列原则：

1. 绿色建筑内部的通信设备必须是高效节能的。尽管目前在工程设施规划中把通信设施列入弱电系统中，在具体选型时还是必须满足节能的要求。

2. 常用的一些通信设备有很多是用重金属制作的，严重危害人的身体健康，因此，绿色建筑内的通信工具制作的材料应是无害的。

3. 电子设备发展非常迅速，但人们很担心电子设备的负影响，因为日常使用的电子设备有很强的电磁辐射，对人体健康损伤较大，因此，绿色建筑内部的通信设备应是低辐射的环保设备。

4. 要保证通信网络的安全，切实有效地防止病毒入侵和网络窃听。

5. 绿色建筑内的各种通信系统，应做到根据发展可以实时升级，通信设备应当选择先进智能化的系统。

五、能源循环系统设备的选择

尽管采用非传统能源就可以节约能源，但在未来的发展过程中，高效利用非传统的资源也是绿色建筑追求的目标，因此，在能源循环设备的选择上应遵循以下原则：

1. 能源收集系统和转化系统也要高效，这样不但可以节约材料，同时也可以最大限度地满足建筑能耗的要求。

2. 能源的转换系统要高效，收集同样的自然能源，也要通过高效的转换设备，尽可能多地转换为建筑运行所需要的能源。

3. 选择的能源循环设备中的传输设备，要减少能量的流失和消耗。

4. 选择的能源循环设备应当高效节能，真正成为绿色建筑的重要组成部分。

5. 选择的能源循环设备要和建筑密切结合，不能破坏建筑的风貌，不要影响建筑的美观和使用功能。

六、建筑智能系统设备的选择

智能是人类大脑的较高级活动的体现，它至少应具备自动地获取和应用知识的能力、思维与推理的能力、问题求解的能力和自动学习的能力。建筑智能化系统是指以建筑为平台，兼备建筑设备、办公自动化及通信网络三大系统，集结构、系统、服务、管理及它们之间最优化组合，向人们提供一个安全、高效、舒适、便利的综合服务环境。

建筑智能化系统，利用现代通信技术、信息技术、计算机网络技术、监控技术等，通过对建筑和建筑设备的自动检测与优化控制、信息资源的优化管理，实现对建筑物的智能控制与管理，以满足用户对建筑物的监控、管理和信息共享的需求，从而使智能建筑具有安全、舒适、高效和环保的特点，达到投资合理、适应信息社会需要的目标。

建筑智能化系统设备选择应遵循以下原则：①节能高效，这是绿色建筑对任何设备选择最基本的要求；②安全可靠，这里主要是指信息安全和设备正常运行；③方便快捷，使用要方便，组成简单明了，便于系统维护。

第六章 不同气候区域的绿色建筑设计特点

气候环境和建筑之间的联系非常紧密，人类建筑居室最原始的目的就在于防风避雨，通过微调气候为自己创造一个适合生存和发展的环境，这也是人类适应"物竞天择，适者生存"的重要方法之一。建筑适应气候的目的就在于改善自然环境，以提高建筑空间的舒适程度，从一定程度上来说，设计建筑对处理城市的生态环境也有一定的促进作用。本章将对严寒、寒冷、夏热冬冷、夏热冬暖、温和等地区的绿色建筑设计特点进行归纳。

第一节 严寒地区绿色建筑的设计特点

一、严寒地区绿色建筑总体布局的设计原则

（一）应体现人与自然和谐、融洽的生态原则

严寒地区建筑群体布局应科学合理地利用基地及周边自然条件，还应考虑局部气候特征、建筑用地条件、群体组合和空间环境等因素。

（二）充分利用太阳能

我国严寒地区太阳能资源丰富，太阳辐射量大。严寒地区建筑冬季利用太阳能，主要依靠南面垂直墙面上接收的太阳辐照量。冬季太阳高度角低，光线相对于南墙面的入射角小，为直射阳光，不但可以透过窗户直接进入建筑物内，且辐照量也比地平面上要大。

二、严寒地区绿色建筑总体布局的设计方法

（一）建筑物朝向与太阳辐射得热

建筑物的朝向选择，应以当地气候条件为依据，同时考虑局地的气候特征。在严寒地区，应使建筑物在冬季最大限度地获得太阳辐射，夏季则尽量减少太阳直接射入室内。严

寒地区的建筑物冬季能耗，主要由围护结构传热失热和通过门窗缝隙的空气渗透失热，再减去通过围护结构和透过窗户进入的太阳辐射得热构成。

太阳总辐射照度即水平或垂直面上单位时间内、单位面积上接受的太阳辐射量。其计算公式为：太阳总辐射照度＝太阳直射辐射照度＋散射辐射照度。

太阳辐射得热与建筑朝向有关。各朝向墙面的太阳辐射热量，取决于日照时间、日照面积、太阳照射角度和日照时间内的太阳辐射强度。日照时间的变化幅度很大，太阳直射辐射强度一般是上午低、下午高，所以无论冬夏，墙面上接受的太阳辐射热量，都是偏西朝向比偏东朝向的稍高一些。

（二）建筑间距

决定建筑间距的因素很多，如日照、通风、防视线干扰等，建筑间距越大越有利于满足这些要求。但我国土地资源紧张，过大的建筑间距不符合土地利用的经济性。严寒地区确定建筑间距，应以满足日照要求为基础，以综合考虑采光、通风、消防、管线埋设与空间环境等要求为原则。

（三）住区风环境设计，注重冬季防风，适当考虑夏季通风

合理的风环境设计，应该根据当地不同季节的风速、风向进行科学的规划布局，做到冬季防风和夏季通风。夏季，自然风能加强热传导和对流，有利于夏季房间及围护结构的散热，改善室内空气品质；冬季，自然风却增加冷风对建筑的渗透，增加围护结构的散热量，增加建筑的采暖能耗。因此，对于严寒地区的建筑，做好冬季防风是非常必要的，具体措施有以下两点。

1.选择建筑基地时，应避免不利地段

严寒地区的建筑基地不宜选在山顶、山脊等风速很大之处；应避开隘口地形，避免气流向隘口集中、流线密集、风速成倍增加形成急流而成为风口。

2.减少建筑长边与冬季主导风向的角度

建筑长轴应避免与当地冬季主导风向正交，或尽量减小冬季主导风向与建筑物长边的入射角度，以避开冬季寒流风向，争取不使建筑大面积外表面朝向冬季主导风向。

三、严寒地区绿色建筑单体设计的方法

（一）控制体形系数

所谓体形系数，即建筑物与室外空气接触的外表面积 F_0 与建筑体积 V_0 的比值，即

$$S（体形系数）=F_0/V_0$$

体形系数的物理意义是单位建筑体积占有多少外表面积（散热面）。由于通过围护结构的传热耗热量与传热面积成正比，显然，体形系数越大，单位建筑空间的热散失面积越大，能耗就越高；反之，体形系数较小的建筑物，建筑物耗热量必然较小。当建筑物各部分围护结构传热系数和窗墙面积比不变时，建筑物耗热量指标随着建筑体形系数的增长而呈线性增长。体形系数是影响建筑能耗最重要的因素，从降低建筑能耗的角度出发，应该将体形系数控制在一个较低的水平。

（二）平面布局宜紧凑，平面形状宜规整

严寒地区建筑平面布局，应采用有利于防寒保温的集中式平面布置，各房间一般集中分布在走廊的两侧，平面进深大，形状较规整。平面形状对建筑能耗的影响很大，因为平面形状决定了相同建筑底面积下建筑外表面积，建筑外表面积的增加，意味着建筑由室内向室外的散热面积的增加。

（三）功能分区兼顾热环境分区

建筑空间布局在满足功能合理的前提下，应进行热环境的合理分区。即根据使用者热环境的需求将热环境质量要求相近的房间相对集中布置，这样既有利于对不同区域分别控制，又可将对热环境质量要求较低的房间集中设于平面中温度相对较低的区域，把对热环境质量要求较高的主要使用房间集中设于温度较高区域，从而获得对热能利用的最优化。

严寒地区冬季北向房间得不到日照，是建筑保温的不利房间；与此同时，南向房间因白昼可获得大量的太阳辐射，导致在同样的供暖条件下同一建筑产生两个高低不同的温度区间，即北向区间与南向区间。在空间布局中，应把主要活动房间布置于南向区间，而将阶段性使用的辅助房间布置于北向区间。这样，北向的辅助空间形成了建筑外部与主要使用房间之间的"缓冲区"，从而构成南向主要使用房间的防寒空间，使南向主要使用房间在冬季能获得舒适的热环境。

（四）合理设计建筑入口

1. 入口的位置

入口位置应结合平面的总体布局，它是建筑的交通枢纽，是连接室外与室内空间的桥梁，是室内外空间的过渡。建筑主入口通常处于建筑的功能中心，既是室内外空间相互渗

透的节点，也是"进风口"，其特殊的位置及功能决定了它在整个建筑节能中的地位。

2. 入口的朝向

严寒地区建筑入口的朝向应避开当地冬季的主导风向，应在满足功能要求的基础上，根据建筑物周围的风速分布来布置建筑入口，减少建筑的冷风渗透，从而减少建筑能耗。

3. 入口的形式

从节能的角度，严寒地区建筑入口的设计主要应注意采取防止冷风渗透及保温的措施，具体可采取以下设计方法。

（1）设门斗

门斗可以改善入口处的热工环境。第一，门斗本身形成室内外的过渡空间，其墙体与其空间具有很好的保温功能；第二，它能避免冷风直接吹入室内，减少风压作用下形成空气流动而损失的热量。由于门斗的设置，大大减弱了风力，门斗外门的位置与开启方向对于气流的流动有很大的影响。

（2）选择合适的门的开启方向

门的开启方向与风的流向角度不同，所起的作用也不相同。例如，当风的流向与门扇的方向平行时，具有导风作用；当风的流向与门扇垂直或成一定角度时，具有挡风作用，所以垂直时的挡风作用最大。因此，设计门斗时应根据当地冬季主导风向，确定外门在门斗中的位置和朝向以及外门的开启方向，以达到使冷风渗透量最小的目的。

（3）设挡风门廊

挡风门廊适用于冬季主导风向与入口成一定角度的建筑，其角度越小效果越好。此外，在风速大的区域以及建筑的迎风面，建筑应做好防止冷风渗透的措施。例如在迎风面上应尽量少开门窗和严格控制窗墙面积比，以防止冷风通过门窗口或其他孔隙进入室内，形成冷风渗透。

（五）围护结构注重保温节能设计

围护结构保温隔热性能的好坏，直接影响到建筑能耗的多少。为提高围护结构的保温性能，通常采取以下六项措施。

1. 合理选材及确定构造型式

选择容重轻、导热系数小的材料，如聚苯乙烯泡沫塑料、岩棉、玻璃棉、陶粒混凝土、膨胀珍珠岩及其制品、膨胀蛭台为骨料的轻混凝土等可以提高围护构件的保温性能。严寒地区建筑，在保证围护结构安全的前提下，优先选用外保温结构，但是不排除内保温结构及夹心墙的应用。采用内保温时，应在围护结构内适当位置设置隔气层，并保证结构墙体依靠自身的热工性能做到不结露。

2. 防潮防水

冬季由于外围护构件两侧存在温度差，室内高温一侧水蒸气分压力高于室外，水蒸气就向室外低温一侧渗透，遇冷达到露点时会凝结成水，构件受潮。此外雨水、使用水、土壤潮气等也会侵入构件，使构件受潮受水。围护结构表面受潮、受水时会使室内装修变质损坏，严重时会发生霉变，影响人体健康。构件内部受潮、受水会使多孔的保温材料充满水分，导热系数提高，降低围护材料的保温效果。在低温下，水分在冰点以下结晶，进一步降低保温能力，并因冻融交替而造成冻害，严重影响建筑物的安全和耐久性。为防止构件受潮受水，除应采取排水措施外，在靠近水、水蒸气和潮气的一侧应设置防水层、隔汽层和防潮层。组合构件一般在受潮一侧应布置密实材料层。

3. 避免热桥

在外围护构件中，由于结构要求经常设有导热系数较大的嵌入构件，如外墙中的钢筋混凝土梁和柱、过梁、圈梁、阳台板、雨篷板、挑檐板等这些部位的保温性能都比主体部位差，且散热大，其内表面温度也较低，当低于露点时易出现凝结水，这些部位通常称为围护构件的"热桥"现象。为了避免和减轻热桥的影响，首先，应避免嵌入的构件内外贯通，其次，应对这些部位采取局部保温措施，如增设保温材料等，以切断热桥。

4. 防止冷风渗透

当围护构件两侧空气存在压力差时，空气将从高压一侧通过围护构件流向低压一侧，这种现象称为空气渗透。空气渗透可由室内外温度差（"热压"）引起，也可由"风压"引起。由热压引起的渗透，热空气由室内流向室外，室内热量损失；风压使冷空气向室内渗透，使室内变冷。为避免冷空气渗入和热空气直接散失，应尽量减少外围护结构构件的缝隙，例如，使墙体砌筑砂浆饱满，改进门窗加工和构造方式，提高安装质量，缝隙采取适当的构造措施，等等。

5. 合理设计门窗洞口面积

（1）窗的洞口面积确定

窗的传热系数远远大于墙的传热系数，因此，窗户面积越大，建筑的传热、耗热量也越大。严寒地区建筑设计应在满足室内采光和通风的前提下，合理限定窗面积的大小。我国严寒地区传统民居南向开窗较大，北向往往开小窗或不开窗，这是利用太阳能改善冬季白天室内热环境与光环境及节省采暖燃料的有效方法。如果设计人员要开窗大一些，即窗户耗热量多一些，就必须以加大墙体的保温性能来补偿；若墙体无法补偿时，就必须减小窗户面积，显然也是间接地限制窗的面积。

（2）门的洞口面积确定

门洞的大小尺寸，直接影响着外入口处的热工环境，门洞的尺寸越大，冷风的侵入量越大，就越不利于节能。但是，外入口的功能要求门洞应具有一定的尺寸，以满足消防疏散及人们日常使用及搬运家具等要求。所以，门洞的尺寸设计应该是在满足使用功能的前提下，尽可能地缩小尺寸，以达到节能要求。

6. 合理设计建筑的首层地面

建筑物的耗热量不仅与其围护结构的外墙和屋顶的构造做法有关，而且与其门窗、楼梯间隔墙、首层地面等部位的构造做法有关。在建筑围护结构中，地面的热工质量对人体健康的影响较大。普通水泥地面具有坚固、耐久、整体性强、造价较低、施工方便等优点，但是其热工性能很差，存在着"凉"的缺点，地面表面从人体吸收热量多。因此，对于严寒地区建筑的首层地面，还应进行保温与防潮设计。

在严寒地区的建筑外墙内侧 0.5 ～ 1.0 m 范围内，由于冬季受室外空气及建筑周围低温土壤的影响，将有大量的热量从该部位传递出去。因此，在外墙内侧 0.5 ～ 1.0 m 范围内应铺设保温层，地下室保温需要根据地下室用途确定是否设置保温层，当地下室作为车库时，其与土壤接触的外墙可不保温。当地下水位高于地下室地面时，地下室保温需要采取防水措施。

第二节　寒冷地区绿色建筑的设计特点

一、寒冷地区建筑节能设计的内容与要求

寒冷地区的绿色建筑在建筑节能设计方面应考虑的问题，见表 6-1 所列。

表 6-1　寒冷地区绿色建筑在建筑节能设计方面应考虑的问题

	II 区	VI C 区	VII D 区
规划设计及平面布局	总体规划、单体设计应满足冬季日照并防御寒风的要求，主要房间宜避西晒	总体规划、单体设计应注意防寒风与风沙	总体规划、单体设计应以防寒风与风沙、争取冬季日照为主

续表

体形系数要求	应减小体形系数	应减小体形系数	应减小体形系数
建筑物冬季保温要求	应满足防寒、保温、防冻等要求	应充分满足防寒、保温、防冻的要求	应充分满足防寒、保温、防冻要求
建筑物夏季防热要求	部分地区应兼顾防热、ⅡA区应考虑夏季防热、ⅡB区可不考虑	无	应兼顾夏季防热要求、特别是吐鲁番盆地、应注意隔热、降温、外围护结构宜厚重
构造设计的热桥影响	应考虑	应考虑	应考虑
构造设计的防潮、防雨要求	注意防潮、防暴雨、沿海地带尚应注意防盐雾侵蚀	无	无
建筑的气密性要求	Ⅱ区	Ⅵ区	Ⅶ区
	加强冬季密闭性且兼顾夏季通风	加强冬季密闭性	加强冬季密闭性
太阳能利用	应考虑	应考虑	应考虑
气候因素对结构设计的影响	结构上应考虑气温年较差大、大风的不利影响	结构上应注意大风的不利作用	结构上应考虑气温年较差和日较差均大以及大风等的不利作用
冻土影响	无	地基及地下管道应考虑冻土的影响	无
建筑物防雷措施	宜有防冰雹和防雷措施	无	无
施工时注意事项	应考虑冬季寒冷期较长和夏季多暴雨的特点	应注意冬季严寒的特点	应注意冬季低温、干燥多风沙以及温差大的特点

二、寒冷地区绿色建筑的总体布局

建筑形体设计应充分利用场地的自然条件，综合考虑建筑的朝向、间距、开窗位置和比例等因素，使建筑获得良好的日照、通风、采光和视野。在规划与建筑单体设计时，宜通过场地日照、通风、噪声等模拟分析确定最佳的建筑形体。

（一）防风设计

从节能角度考虑，应创造有利的建筑形态，降低风速，减少能耗热损失。包括：①避免冬季季风对建筑物侵入；②减小风向与建筑物长边的入射角度；③建筑单体设计时，在场地风环境分析的基础上，通过调整建筑物的长宽高比例，使建筑物迎风面压力合理分布，避免背风面形成涡旋区。

（二）建筑间距

建筑物的最小间距应保证室内一定的日照量，建筑物的朝向对建筑节能也有很大影响。从节能考虑，建筑物应首先选择长方形体形，南北朝向。同体积不同体形获得的辐射量区别很大。朝向既与日照有关，也与当地的主导风向有关，因为主导风向直接影响冬季住宅室内的热损耗与夏季室内的自然通风。绿色建筑设计时，应利用计算机日照模拟分析，以建筑周边场地及既有建筑为边界前提条件，确定满足建筑物最低日照标准的最大形体与高度，并结合建筑节能和经济成本权衡分析。

（三）建筑朝向

寒冷地区建筑朝向选择的总原则是：在节约用地的前提下，满足冬季能争取较多的日照，夏季避免过多的日照，并有利于自然通风的要求。建筑朝向应结合各种设计条件，因地制宜地确定合理的范围，以满足生产和生活的要求。

三、寒冷地区绿色建筑的单体设计

（一）控制体形参数

体形系数对建筑能耗影响较大，寒冷地区的绿色建筑设计应在满足建筑功能与美观的基础上，尽可能降低体形系数。依据寒冷地区的气候条件，建筑物体形系数在 0.3 的基础上每增加 0.01，该建筑物能耗增加 2.4% ~ 2.8%；每减少 0.01，能耗减少 2% ~ 3%。一旦所设计的建筑超过规定的体形系数时，应按要求提高建筑围护结构的保温性能，并进行围护结构热工性能的权衡判断，审查建筑物的采暖能耗是否能控制在规定的范围内。

（二）合理确定窗墙面积比，提高窗户热工性能

普通窗户（包括阳台门的透明部分）的保温隔热性能比外墙差很多，窗墙面积比越大，采暖和空调能耗也越大。一般情况下，寒冷地区应以满足室内采光要求作为窗墙面积比的基本确定原则。窗口面积过小，容易造成室内采光不足，增加室内照明用电能耗。因此，寒冷地区不宜过分依靠减少窗墙面积比，重点是提高窗的热工性能。

（三）围护结构保温节能设计

寒冷地区建筑的围护结构不仅要满足强度、防潮、防水、防火等基本要求，还应考虑防寒的要求。从节能的角度出发，居住建筑不宜设置凸窗，凸窗热工缺陷的存在往往会破坏围护结构整体的保温性能。如设置凸窗时，其潜在的热工缺陷及热桥部位，必须采取相关的技术措施加强保温设计，以保证最终的围护结构热工性能。

第三节 夏热冬冷地区绿色建筑的设计特点

一、夏热冬冷地区绿色建筑的规划设计

（一）建筑选址及规划总平面布置

建筑所处位置的地形地貌将直接影响建筑的日照得热和通风，从而影响室内外热环境和建筑耗热。建筑位置宜选择良好的地形和环境，如向阳的平地和山坡上，并尽量减少冬季冷气流影响。夏热冬冷地区的传统民居常常依山傍水而建，利用山体阻挡冬季的北风、水面冷却夏季南来的季风，在建筑选址时因地制宜地满足了日照、采暖、通风、给水、排水的需求。建筑群的位置、分布、外形、高度以及道路的不同走向对风向、风速、日照有明显影响，考虑建筑总平面布置时，应尽量将建筑体量、角度、间距、道路走向等因素合理组合，以期充分利用自然通风和日照。

（二）建筑朝向

建筑总平面设计及建筑朝向、方位应考虑多方面的因素。朝向选择的原则是冬季能获

得足够的日照并避开主导风向，夏季能利用自然通风和遮阳措施来防止太阳辐射。建筑最佳朝向一般取决于日照和通风两个主要因素，建筑的主朝向宜选择本地区最佳朝向或接近最佳朝向，尽量避免东西向日晒。

（三）建筑日照

总平面设计要合理布置建筑物的位置和朝向，使其达到良好日照和建筑间距的最优组合。主要方法有：①建筑群采取交叉错排行列式，利用斜向日照和山墙空间日照等；②建筑群体的竖向布局，前排建筑采用斜屋面或把较低的建筑布置在较高建筑的阳面方向，能够缩小建筑间距；③建筑单体设计，可采用退层处理、合理降低层高等方法；④不封闭阳台和大落地窗的设计，应根据窗台的不同标高来模拟分析建筑外墙各个部位的日照情况，精确求解出无法得到直接日照的地点和时间，分析是否会影响室内采光；⑤复杂方案应采用计算机日照模拟分析计算。当建设区总平面布置不规则、建筑体形和立面复杂、条式住宅长度超过50m、高层点式住宅布置过密时，建筑日照间距系数难以作为标准，必须用计算机进行严格的模拟计算。

（四）合理利用地下空间

合理设计建筑物的地下空间，是节约建设用地的有效措施。在规划设计和后期的建筑单体设计中，应结合地形地貌、地下水位的高低等因素，合理规划并设计地下空间，用于车库、设备用房、仓储等。

（五）建筑配套设施及绿化设计

1.建筑配套设施

建筑配套设施规划建设时，在服从地区控制性详细规划的条件下，应根据建设区域周边配套设施的现状和需求，统一配建学校、商店、诊所等公用设施。配套公共服务设施相关项目建设应集中设置并强调公用，既可节约土地，也可避免重复建设，提高使用率。

2.绿化环境设计

绿化对建筑环境与微气候条件起着调节气温、调节碳氧平衡、减弱城市温室和热岛效应、减轻大气污染、降低噪声、净化空气和水质、遮阳隔热的重要作用，是改善小区微气候、改善室内热环境、降低建筑能耗的有效措施。环境绿化必须考虑植物物种多样性，植物配置必须从空间上建立复层分布，形成乔、灌、花、草、藤合理利用光合作用的空间层次，将有利于提高植物群落的光合作用能力和生态效益。

（六）水环境设计

绿色建筑的水环境设计包括给排水、景观用水、其他用水和节水四个部分。提高水环境的质量是有效利用水资源的技术保证。强调绿色建筑生态小区水环境的安全、卫生、有效供水、污水处理与回收利用，目的是节约用水，提高水循环利用率，已成为开发新水源的重要途径之一。夏热冬冷地区降雨充沛的区域，在进行区域水景规划时，可以结合绿地设计和雨水回收利用设计，设置喷泉、水池、水面和露天游泳池，利于在夏季降低室外环境温度，调节空气湿度，形成良好的局部小气候环境。

（七）改善区域风环境

夏热冬冷地区加强夏季自然通风，改善区域风环境的方法有以下几种。

1.总平面布局

（1）阶梯式布置方式

不同高度的建筑自南向北阶梯式布置，即将较低的建筑布置在东南侧（或夏季主导风向的迎风面），依高度呈阶梯式布置，不仅在夏季加强南向季风的自然通风，而且在冬季可以遮蔽寒冷的北风。后排（北侧）建筑高于前排（南侧）建筑较多时，后排建筑迎风面可以使部分空气流下行，改善低层部分的自然通风。

（2）行列式布局方式

建筑群平面布局最常见的是横平竖直的"行列式布局"，虽然整齐划一，但室外空气流主要沿着楼间山墙和道路形成通畅的路线运动，山墙间和道路上的通风得到加强，但建筑室内的自然通风效果被削弱。

（3）错列式布局方式

采取"错列式布局"，使道路和山墙间的空气流通而不畅，下风方向的建筑直接面对空气流，其通风效果自然更好一些，此外错列式布局可以使部分建筑利用山墙间的空间，在冬季更多地接收到日照。

（4）选择合适的建筑外形

建筑外形影响建筑通风，因此小区的南面临街不宜采用过长的条式多层（特别是条式高层）；东、西临街宜采用点式或条式低层（作为商业网点等非居住用途），不宜采用条式多层或高层（可以提高容积率，又不影响日照间距）。总之，总平面布置不应封闭夏季主导风向的入风口。

（5）适当调整建筑间距

建筑间距越大，一般自然通风效果就越好。建筑组团设计，条件许可时能结合绿地设置，适当加大部分建筑间距，形成组团绿地，可以较好地改善绿地下风侧建筑通风效果。建筑间距越大，接受日照的时间也更长。

2. 尽量利用穿堂风

（1）采用穿堂通风时，宜满足的要求

第一，使进风窗迎向主导风向，排风窗背向主导风向。第二，通过建筑造型或窗口设计等措施加强自然通风，增大进、排风窗空气动力系数的差值。第三，由两个以上房间共同组成穿堂通风时，房间的气流流通面积宜大于进、排风窗面积。第四，由一套住房共同组成穿堂通风时，卧室、起居室应为进风房间，厨房、卫生间应为排风房间。厨房、卫生间窗口的空气动力系数应小于其他房间窗口的空气动力系数。第五，利用穿堂风进行自然通风的建筑，其迎风面与夏季最多风向宜成 60 ~ 90° 角，且不应小于 45° 角。

（2）无法采用穿堂通风的单侧通风时，宜满足的要求

第一，通风窗所在外窗与主导风向间夹角宜为 40 ~ 65° 。第二，窗户设计应使进风气流深入房间；应通过窗口及窗户设计，在同一窗口上形成面积相近的下部进风区和上部排风区。并宜通过增加窗口高度以增大进、排风区的空气动力系数差值。第三，窗口设计应防止其他房间的排气进入本房间；宜利用室外风驱散房间排气气流。

3. 风环境的计算机模拟和优化

在室外风环境评价方面，一般情况下建筑物周围人行区距地 1.5 m 高度处风速要求小于 5 m/s，以满足不影响人们正常室外活动的基本要求。此要求对室外风环境的舒适性提出了最基本要求。利用计算机进行风环境的数值模拟和优化，其计算结果可以以形象、直观的方式展示，通过定性的流场图和动画了解小区内气流流动情况，也可通过定量的分析对不同建筑布局方案的比较、选择和优化，最终使区域内室外风环境和室外自然通风更合理。

（八）绿色能源的利用与优化

1. 太阳能利用

太阳能是夏热冬冷地区建筑已经广泛利用的可再生能源，利用方式有被动式和主动式。

（1）被动式利用太阳能

被动式利用太阳能是指直接利用太阳辐射的能量使其室内冬季最低温度升高，夏季则利用太阳辐射形成的热压进行自然通风。最便捷的被动式利用太阳能就是冬季使阳光透过窗户照入室内并设置一定的贮热体，调整室内的温度。建筑设计时也可结合封闭南向阳台

和顶部的露台设置日光间，放置贮热体及保温板系统。被动式太阳能建筑因为被动系统本身不消耗能源，设计相对简单，是小区建筑利用太阳能的主要方式。

（2）主动式利用太阳能

主动式利用太阳能是指通过一定的装置将太阳能转化为人们日常生活所需的热能和电能。建筑设计时应采用太阳能与建筑的一体化设计，将太阳能系统包含的所有内容作为建筑不可或缺的设计元素和建筑构件加以考虑，巧妙地将其融入建筑之中。

2. 其他可再生能源的利用

在绿色建筑中应合理利用地热能、风能、生物质能源及水资源等绿色新能源。

二、夏热冬冷地区绿色建筑的单体设计

（一）建筑平面设计

建筑平面设计合理，在满足传统生活习惯需要的基本功能的同时，应积极组织夏季穿堂风，冬季被动利用太阳能采暖以及自然采光。以居住建筑的户型规划设计为例，其注意要点有四个。①户型平面布局应实用紧凑、采光通风良好、空间利用充分合理。②夏季，主要使用房间有流畅的穿堂风。进风房间一般为卧室、起居室，排风房间为厨房和卫生间，以满足不同空间的空气品质要求。③住宅阳台能起到夏季遮阳和引导通风的作用。西面、南面的阳台如果封闭起来，可以形成室内外热交换的过渡空间。而将电梯、楼梯、管道井、设备房和辅助用房等布置在建筑物的南侧或西侧，则可以有效阻挡夏季太阳辐射，与之相连的房间不仅可以减少冷消耗，同时可以减少大量的热量损失。④计算机模拟技术对日照和区域风环境辅助设计和分析后，可以继续对具体的建筑、建筑的某个特定房间进行日照采光、自然通风的模拟分析，从而改进建筑平面及户型设计。

（二）体形系数控制

体形系数是建筑物接触室外大气的外表面积与其所包围的体积的比值。空间布局紧凑的建筑体形系数小；体形复杂、空间布局分散、凹面过多的"点式低、多层"及"塔式高层住宅"等建筑外表面积和体形系数大。对于相同体积的建筑物其体形系数越大，说明单位建筑空间的热散失面积越高。因此，出于节能的考虑，尽量减少立面不必要的凹凸变化。

一般控制体形系数的方法有：①加大建筑体量，增加长度与进深；②体形尽量观整，尽可能减少变化；③设置合理的层数和层高；④尽可能少用单独的点式建筑或尽量运用拼接以减少外墙面。

（三）日照与采光设计

1. 日照标准应符合设计规范要求

不同类型的建筑如住宅、医院、中小学校、幼儿园等设计规范部对日照有具体明确的规定，设计时应根据不同气候区的特点执行相应的规范、国家和地方法规。绿色建筑的规划与建筑单体设计时，应满足现行国家标准《城市居住区规划设计标准》GB 50180-2018对日照的要求。

2. 日照间距及日照分析

控制建筑间距是为了保证建筑的日照时间，按计算，夏热冬冷地区建筑的最佳日照间距 L 是邻近南向建筑的高度 H_n 的 1.2 倍，即 $L=1.2H_n$。应使用日照软件模拟进行日照分析，模拟分析采光质量，包括亮度和采光的均匀度，并与建筑设计进行交互优化调整。经过采光模拟既可以优化采光均匀度，又可以与照明专业分析灯具的开启时间和使用习惯，以及照明的智能控制策略，进而实现整体节能。

3. 充分利用自然采光

建筑应充分利用自然采光，房间的有效采光面积和采光系数除应符合国家现行标准《民用建筑设计通则》GB 50352-2018 和《建筑采光设计标准》GB/T 50033-2018 的要求外，尚应符合下列要求：①居住建筑的公共空间宜自然采光，其采光系数不宜低于 0.5%；②办公、宾馆类建筑 75% 以上的主要功能空间室内采光系数不宜低于现行国家标准《建筑采光设计标准》GB/T 50033-2001 的要求；③地下空间宜自然采光，其采光系数不宜低于 0.5%；④利用自然采光时应避免产生眩光，设置遮阳措施时应满足日照和采光标准的要求。

（四）围护结构节能设计

1. 建筑外墙节能设计

夏热冬冷地区面对冬季主导风向的外墙，表面冷空气流速大，单位面积散热量高于其他三个方向的外墙。因此，应采取合适的外墙保温构造、选用传热系数小且蓄热能力强的墙体材料两个途径，加强其保温隔热构造性能，提高传热阻。常用的建筑外墙保温构造为"外墙外保温"。外保温与内保温相比，保温隔热效果和室内热稳定性更好，也有利于保护主体结构。"自保温"能使围护结构的围护和保温的功能合二为一，而且基本能与建筑同寿命；随着很多高性能的、本地化的新型墙体材料的出现，外墙采用自保温的设计越来越多。

2. 屋面节能设计

冬季在围护结构热量总损失中，屋面散热占有相当大的比例；夏季来自太阳的强烈辐射又会造成顶层房间过热，使制冷能耗加大。夏热冬冷地区，夏季防热是主要任务，因此对屋面隔热要求较高。提高屋面保温隔热性能，可综合采取以下措施：①选用导热系数、热惰性指标满足标准要求的保温材料；②采用架空保温屋面或倒置式屋面等；③采用绿化屋面、蓄水屋面、浅色坡屋面等；④采用通风屋顶、阁楼屋顶和吊顶屋顶。

第四节 夏热冬暖地区绿色建筑的设计特点

一、夏热冬暖地区绿色建筑的设计理念

绿色建筑的设计理念是被动技术与主动技术相结合。夏热冬暖地区应关注高温高湿的气候特点对各类建筑类型的影响，在建筑的平面布局、空间形体、围护结构等各个设计环节中，采用恰当的建筑节能技术措施，提高建筑中的能源利用率，降低建筑能耗。应提倡因地制宜的主动技术降低建筑能耗，而不是简单地、机械地叠加各种绿色技术和设备。

（一）尽量以自然方式满足人的舒适性要求

人们对建筑的舒适性的基本需求应与气候、地域和人体舒适感相结合，出发点定位为以自然的方式而不是机械空调的方式满足人们的舒适感要求。事实上，人们具有随温度的冷暖而变化的生物属性，即具备对于自然环境的适应性。空调设计依据的舒适标准过于敏感，恒定的温、湿度舒适标准并不是人们最舒适的感受。人能接受的舒适温度处在一个区间中，完全依赖机械空调形成的"恒温恒湿"环境不仅不利于节能，而且也不利于满足人的舒适感。

（二）加强遮阳与通风设计

由于夏热冬暖地区的湿热气候，应尽量增加建筑的遮阳和通风设计。遮阳与通风在夏热冬暖地区的传统建筑中得到了大量运用，外遮阳是最有效的节能措施，适当的通风则是带走湿气的重要手段。对于当代的绿色建筑设计而言，这两种方法都值得重新借鉴与提升。

1.居住建筑外窗的"综合遮阳系数"

"综合遮阳系数"是考虑窗本身和窗口的建筑外遮阳装置综合遮阳效果的一个系数，其值为窗本身的遮阳系数与窗口的建筑外遮阳系数的乘积。

2.建筑通风设计

夏热冬暖地区的湿热气候要求建筑单体和群体都要注意通风设计，通过门窗洞口的综

合设计、建筑形体的控制和建筑群体的组合，可以形成良好的通风效果。

建筑遮阳设计应与自然通风相结合。建筑遮阳构件设计与窗户的采光与通风之间存在着一定的矛盾性。遮阳板不仅会遮挡阳光，还可能导致建筑周围的局部风压出现较大变化，更可能影响建筑内部形成良好的自然通风效果。如果根据当地的夏季主导风向来设计遮阳板，使遮阳板兼做引风装置，这样就能增加建筑进风口风压，有效调节通风量，从而达到遮阳和自然通风的目的。

3. 重视空调设计

高温高湿的气候特征使得夏热冬暖地区成为极为需要空调的区域，这意味着，这个地区的空调节能潜力巨大。实现空调节能，一方面，要提高空调系统自身的使用效率；另一方面，合理的建筑体形与优化的外围护结构方案也是减少能耗的关键因素。

二、夏热冬暖地区绿色建筑设计的技术策略

（一）被动技术策略

1. 建筑选址及空间布局

被动技术首先关注的是建筑选址及空间布局，建筑规划的总体布局还需要营造良好的室外热环境。

（1）夏季通风和冬季防风

冬夏两季主导风向不同，在规划设计中，建筑群体的选址和规划布局在通风和防风之间应取得平衡和协调。不同地区的建筑最佳朝向不完全一致，比如，广州建筑的最佳朝向是东南向。

（2）计算机辅助模拟设计

在传统的建筑规划设计中，外部环境设计主要从规划的硬性指标要求、建筑的功能空间需求，以及景观绿化的布置等方面考虑，所以难以保证获得良好的室外热环境。计算机辅助过程控制的绿色建筑设计，可以在建筑规划阶段借助相应的模拟软件实时有效地指导设计，有效地解决这个问题。

2. 建筑外围护结构的优化

建筑的围护结构是气候环境的过滤装置。在夏热冬暖地区的湿热气候下，建筑的外围护结构不同于温带气候的"密闭表皮"的设计方法，建筑立面通过适当的开口获取自然通风，并结合合理的遮阳设计躲避强烈的日照，同时能有效防止雨水进入室内。这种建筑的外围护结构更像是一层可以呼吸、自我调节的生物表皮。但是，夏热冬暖地区的建筑窗墙

比也非越大越好，大面积的开窗会使得更多的太阳辐射进入室内，造成不舒适的热环境。

3. 不同朝向及部位的遮阳措施

在夏热冬暖地区，墙面、窗户与屋顶是建筑物吸收热量的关键部位。

（1）屋顶绿化及屋面遮阳

夏热冬暖地区雨量充沛，在屋顶采用绿化植被遮阳措施具备良好的天然条件。通过屋面的遮阳处理，不仅减少了太阳辐射热量，而且减小了因屋面温度过高而造成对室内热环境的不利影响。目前采用的种植屋面措施，既能够遮阳隔热，还可以通过光合作用消耗或转化部分能量。

（2）建筑围护结构遮阳

建筑各部分围护结构均可以通过建筑遮阳的构造手段，达到阻断部分直射阳光、防止阳光过分照射的作用。这既可以防止对建筑围护结构和室内的升温加热，也可以防止直射阳光造成的强烈眩光。运用遮阳板等材料做成与日照光线成某一有利角度的遮阳构件，综合交错、形式多样的遮阳片形成变化强烈的光影效果，使建筑呈现出相应的美学效果，气候特征赋予了夏热冬暖地区的建筑以独特的风格与生动的表情。

（3）有效组织自然通风

在总体建筑群规划和单体建筑设计中，应根据功能要求和湿热的气候情况，改善建筑外环境，包括冬季防风、夏季及过渡季节促进自然通风以及夏季室外热岛效应的控制。

（4）采用立体绿化

绿化是夏热冬暖地区一种重要的设计元素，在各类建筑物和构筑物的立面、屋顶、地下和上部空间进行多层次、多功能的绿化，可以拓展城市绿化空间、美化城市景观、改善局地气候和生态服务功能。

（二）主动技术策略

1. 积极应用可再生能源

夏热冬暖地区也应积极应用可再生能源，如水能、风能、太阳能、生物质能和海洋能等，采用太阳能光伏发电系统、探索太阳能一体化建筑、在建筑中应用地热能与风能，都应综合进行测算并因地制宜地使用。

2. 有效降低空调能耗

包括：①通过合理的节能建筑设计，增加建筑围护结构的隔热性能和提高空调、采暖设备能效比的节能措施；②改善建筑围护结构，如外墙、屋顶和门窗的保温隔热性能；③在经济性、可行性允许的前提下可以采用新型节能墙体材料；④重视门窗的节能设计。

3. 综合水系统管理

通过多种生态手段规划雨水管理，减少热岛效应，减轻暴雨对市政排水管网的压力。结合景观湖进行雨水收集，所收集雨水作为人工湖蒸发补水之用。道路、停车场采用植草砖形成可渗透地面，步行道和单车道考虑采用透水材料铺设，针对不同性质的区域采取不同的雨水收集方式。中水系统经处理达标后回用于冲厕、灌溉绿化和喷洒道路等。节水器具应结合卫生、维护管理和使用寿命的要求进行选择。

第五节 温和地区绿色建筑的设计特点

一、温和地区的建筑布局与自然采光

温和地区气候舒适、太阳辐射资源丰富，自然通风和阳光调节是最适合于该地区的绿色建筑设计策略，低能耗、生态性强且与太阳能相结合是温和地区绿色建筑的最大特点。

（一）建筑最佳朝向选择

温和地区大部分处于低纬度高原地区，海拔偏高，日照时间相对较长，空气洁净度好，晴天的太阳紫外线辐射很强，因而朝向的选择应有利于自然采光和自然通风，根据当地的居住习惯和相关研究表明，南向建筑能获得较好的采光和日照条件。

（二）建筑间距应满足自然通风

在温和地区最好的建筑间距应该是：能让建筑在获得良好的自然采光的同时又有利于建筑组织起良好的自然通风。阳光调节是一种非常适合温和地区气候特点的绿色节能设计方法，温和地区绿色建筑阳光调节主要是指：夏季做好建筑物的阳光遮蔽，冬季尽量争取阳光。

二、温和地区绿色建筑的阳光调节

（一）夏季的阳光调节

温和地区夏季虽然并不炎热，但是由于太阳辐射强，阳光中较高的紫外线含量对人体有一定的危害，因此夏季避免阳光的直接照射，方法就是设置遮阳设施，建筑中需要设置遮阳的部位主要是门、窗及屋顶。

1. 窗与门的遮阳

温和地区的东南向、西南向的建筑物接收太阳辐射较多，正东向的建筑物上午日照较强，朝西向的建筑物下午受到的日照比较强烈。所以，建筑这四个朝向的窗和门需要设置遮阳措施。温和地区全年的太阳高度角都较大，所以，建筑宜采用水平可调节式遮阳或者水平遮阳结合百叶的方式。

2. 屋顶遮阳及屋顶绿化

温和地区夏季太阳辐射强烈，建筑屋顶在阳光直射下，应设计遮阳或隔热措施。屋顶遮阳可通过绿化与屋顶遮阳构架相结合来实现，还可以在建筑的屋顶设置隔热层，然后在屋面上铺设太阳能集热板，将太阳能集热板作为一种特殊的遮阳设施，这样不仅挡住了阳光直射还充分利用了太阳能资源。

（二）冬季的阳光调节

温和地区冬季阳光调节的主要任务是让尽可能多的阳光进入室内，利用太阳辐射所带有的热量提高室内温度。

1. 在主朝向上集中开窗

西南方向和东南方向之间的竖直墙面为了防止夏季过多的太阳辐射，此朝向上的窗和门应设置加格栅的水平遮阳或可调式水平遮阳。

2. 注意门、窗保温

外窗和外门处通常都是容易产生热桥和冷桥的地方。温和地区的建筑为防止冬季在窗和门处产生热桥，造成室内热量的损失，需要在窗和门处采取一定的保温和隔热措施。

3. 设置附加阳光间

温和地区冬季太阳辐射量充足，适宜冬季被动式太阳能采暖，如设置"附加阳光间"。住宅一般在向阳侧设置阳台或安装大面积的落地窗并加以遮阳设施进行调节，这样在冬季获得了尽可能多的阳光，在夏季也利用遮阳防止了阳光直射入室内。

三、温和地区绿色建筑的自然通风设计特点

在温和地区自然通风与阳光调节一样，也是一种与该地区气候条件相适应的绿色建筑节能设计方法。

（一）温和地区的建筑布局与自然通风的协调

1. 选择有利于自然通风的朝向

温和地区在选择建筑物朝向时，应按该地区的主导风向、风速等气象资料来指导建筑

布局,并综合考虑自然采光的需求。当自然通风的朝向与自然采光的朝向相矛盾时,需要对优先满足谁进行综合权衡判断。如果某建筑有利于通风的朝向是西晒较严重的朝向,但是在温和地区仍然可以将此朝向作为建筑朝向,因为虽然夏季此朝向的太阳辐射强烈,但是室外空气的温度并不高。

2. 居住建筑应选择有利于自然通风的建筑间距

建筑间距对建筑群的自然通风有很大影响,要根据风向投射角对室内风环境的影响来选择合理的建筑间距。在温和地区,应先满足日照间距,然后再满足通风间距,二者取较大值。需要注意的是,对于高层建筑是不能单纯地按日照间距和通风间距来确定建筑间距,因为 1.3H ~ 1.5H 对于高层建筑来说是一个非常大的建筑间距,需要从建筑的其他设计方面入手解决这个问题。

3. 有利于自然通风的平面布局和空间布局

(1)错列式建筑平面布局

建筑的布局方式既影响建筑通风效果,还关系到节约土地的问题,节约用地是确定建筑间距的基本原则。通风间距较大时,建筑间距也偏大。利用错列式的建筑平面布局可以解决这一矛盾,这相当于加大了前、后建筑物之间的距离,既保证了通风的要求又节约了用地。在温和地区,从自然通风角度来看,建筑物的平面布局以错列式布局为宜。

(2)"前低后高""高低错落"的建筑空间布局

温和地区的建筑,合理利用建筑地形,以有规律的"前低后高"和"高低错落"的处理方式为自然通风创造条件。例如,在平地上建筑应采取"前低后高"的排列方式,也可采用高、低建筑错开布置的"高低错落"的建筑群体排列方式;利用向阳坡地使建筑顺其地形按高低排列。这些布置方式使建筑之间挡风少,不影响后面建筑的自然通风和视线,同时减少了建筑间距,节约土地。

(二)温和地区的单体建筑设计与自然通风的协调

在温和地区,单体建筑设计中,除了满足围护结构热工指标和采暖空调设备能效指标外,还应考虑下列因素:①住宅建筑应将老人卧室在南偏东和南偏西之间布置,夏天可减少积聚室外热量,冬天又可获得较多的阳光,儿童用房宜南向布置,起居室宜南或南偏西布置,其他卧室可朝北,厨房、卫生间及楼梯间等辅助房应朝北;②房间的面积以满足使用要求为宜,不宜过大;③门窗洞口的开启有利于组织穿堂风,避免"口袋屋"的平面布局;④厨房和卫生间进出排风口的设置要考虑主导风向和对相邻室的不利影响,避免强风倒灌现象和油烟等对周围环境的污染;⑤从照明节能角度考虑,单面采光房间的进深不宜超过 6 m。

第七章 不同类型建筑的绿色建筑设计

现代建筑类型多种多样，各类建筑所追求的功能价值有所不同。如：居住建筑强调以人为本以及与自然的和谐；办公建筑与居住建筑一样，属于大量使用的居民建筑，它们既是城市背景的主要组成部分，也因为其高大和丰富的体型；现代商业建筑类型丰富，特别是大型商业建筑功能复杂、空间规模大等等。但不管什么类型的现代建筑，他们都是朝着更特色化、生态化和绿色节能方向发展的。本章将对不同类型建筑的绿色节能设计进行详细叙述。

第一节 居住建筑的绿色节能设计

一、绿色住宅的特征及标准

（一）绿色住宅的特征

绿色住宅除须具备传统住宅遮风避雨、通风采光等基本功能外，还要具备协调环境、保护生态的特殊功能，在规划设计、营建方式、选材用料方面按区别于传统住宅的特定要求进行设计。因此，绿色住宅的建造应遵循生态学原理，体现可持续发展的原则。

（二）绿色住宅的标准

衡量绿色住宅的质量一般有以下几条标准：1.在生理生态方面有广泛的开敞性；2.采用的是无害、无污、可以自然降解的环保型建筑材料；3.按生态经济开放式闭合循环的原理做无废无污的生态工程设计；4.有合理的立体绿化，能有利于保护，稳定周边地域的生态；5.利用了清洁能源，降解住宅运转的能耗，提高自养水平；6.富有生态文化及艺术内涵。

二、居住建筑的用地规划与节地设计

（一）居住建筑用地规划应考虑的因素

1. 用地选择和密度控制

居住建筑用地应选择无地质灾害、无洪水淹没的安全地段；尽可能利用废地（荒地、坡地、不适宜耕种土地等），减少耕地占用；周边的空气、土壤、水体等，确保卫生安全。居住建筑用地应对人口毛密度、建筑面积毛密度（容积率）、绿地率等进行合理的控制，达到合理的设计标准。

2. 群体组合、空间布局和环境景观设计

包括：①居住区的规划与设计，应综合考虑路网结构、群体组合、公建与住宅布局、绿地系统及空间环境等的内在联系，构成一个既完善又相对独立的有机整体；②合理组织人流、车流，小区内的供电、给排水、燃气、供热、电信、路灯等管线，宜结合小区道路构架进行地下埋设；③绿化景观设计注重景观和空间的完整性，应做到集中与分散结合、观赏与实用结合，环境设计应为邻里交往创造不同层次的交往空间。

3. 日照间距与朝向选择

（1）日照间距与方位选择原则

包括：①居住建筑间距应综合考虑地形、采光、通风、消防、防震、管线埋设、避免视线干扰等因素，以满足日照要求；②日照一般应通过与其正面相邻建筑的间距控制予以保证，并不应影响周边相邻地块，特别是开发地块的合法权益（主要包括建筑高度、容积率、建筑物退让等）。

（2）居住建筑日照标准要求

各地的居住建筑日照标准应按国家及当地的有关规范、标准等要求执行，一般应满足：①当居住建筑为非正南北朝向时，住宅正面间距，应按地方城市规划行政主管部门确定的日照标准不同方位的间距折减系数换算；②应充分利用地形地貌的变化所产生的场地高差、条式与点式住宅建筑的形体组合，以及住宅建筑高度的高低搭配等，合理进行住宅布置，有效控制居住建筑间距，提高土地使用效率。

4. 地下与半地下空间利用

包括：①地下或半地下空间的利用，与地面建筑、人防工程、地下交通、管网及其他地下构筑物应统筹规划、合理安排；②同一街区内，公共建筑的地下或半地下空间应按规划进行互通设计；③充分利用地下或半地下空间，做地下或半地下机动停车库（或用作设备用房等），地下或半地下机动停车位达到整个小区停车位的 80% 以上。

5. 公共服务配套设施控制

包括：①城市新建居住区应按国家和地方城市规划行政主管部门的规定，同步安排教育、医疗卫生、文化体育、商业服务、金融邮电、社区服务等公共服务设施用地，为居民提供必要的公共活动空间；②居住区公共服务设施的配建水平，必须与居住人口规模相对应，并与住宅同步规划、同步建设、同时投入使用；③社区中心宜采用综合体的形式集中布置，形成中心用地。

6. 竖向控制

小区规划要结合地形地貌合理设计，尽可能保留基地形态和原有植被，减少土方工程量。地处山坡或高差较大基地的住宅，可采用垂直等高线等形式合理布局住宅，有效减少住宅日照间距，提高土地的使用效率。小区内对外联系道路的高程应与城市道路标高相衔接。

（二）居住建筑的节地设计

1. 居住建筑应适应本地区气候条件

①居住建筑应具有地方特色和个性、识别性，造型简洁，尺度适宜，色彩明快。②住宅建筑应积极有效利用太阳能，配置太阳能热水器设施时，宜采用集中式热水器配置系统。太阳能集热板与屋面坡度应在建筑设计中一体化考虑，以有效降低占地面积。

2. 住宅单体设计力求规整、经济

①住宅电梯井道、设备管井、楼梯间等要选择合理尺寸，紧凑布置，不宜凸出住宅主体外墙过大。②住宅设计应选择合理的住宅单元面宽和进深，户均面宽值不宜大于户均面积值的 1/10。

3. 套型功能合理，功能空间紧凑

①套型功能的增量，除适宜的面积外，尚应包括功能空间的细化和设备的配置质量，与日益提高的生活质量和现代生活方式相适应。②住宅套型平面应根据建筑的使用性质、功能、工艺要求合理布局；套内功能分区要符合公私分离、动静分离、洁污分离的要求；功能空间关系紧凑，便能得到充分利用。

三、绿色居住建筑的节能与能源利用体系

（一）建筑构造节能系统

1. 楼地面节能技术

楼地面的节能技术，可根据楼板的位置不同采用不同的节能技术。

（1）层间楼板（底面不接触室外空气）

层间楼板可采取保温层直接设置在楼板上表面或楼板底面，也可采取铺设木龙骨（空铺）或无木龙骨的实铺木地板。

（2）架空或外挑楼板（底面接触室外空气）

架空或外挑楼板宜采用外保温系统，接触土壤的房屋地面，也要做保温。

（3）底层地面

底层地面也应做保温。

2. 管道技术

（1）水管的敷设

①排水管道：可敷设在架空地板内。②采暖管道、给水管道、生活热水管道：可敷设在架空地板内或吊顶内，也可局部墙内敷设。

（2）干式地暖的应用

①干式地暖系统。干式地暖系统区别于传统的混凝土埋入式地板采暖系统，也称为预制轻薄型地板采暖系统，是由保温基板、塑料加热管、铝箔、龙骨和二次分集水器等组成的一体化薄板，板面厚度约为 12 mm，加热管外径为 7 mm。②干式地暖系统的特点。具有温度提升快、施工工期短、楼板负载小、易于日后维修和改造等优点。③干式地暖系统的构造做法。主要有架空地板做法、直接铺地做法。

（3）风管的敷设

①新风换气系统。新风换气系统可提高室内空气品质，但会占用室内较多的吊顶空间，因此需要内装设计协调换气系统与吊顶位置、高度的关系，并充分考虑换气管线路径、所需换气量和墙体开口位置等，在保证换气效果的同时兼顾室内的美观精致。②水平式排风系统。

3. 遮阳系统

（1）利用太阳照射角综合考虑遮阳系数

居住建筑确定外遮阳系统的设置角度的因素有：建筑物朝向及位置；太阳高度角和方位角。应选用木制平开、手动或电动、平移式、铝合金百叶遮阳技术；应选用叶片中夹有聚氨酯隔热材料手动或电动卷帘。

（2）遮阳方式选择

低层住宅有条件时可以采用绿化遮阳；高层塔式建筑、主体朝向为东西向的住宅，其主要居住空间的西向外窗、东向外窗应设置活动外遮阳设施。窗内遮阳应选用具有热反射功能的窗帘和百叶；设计时选择透明度较低的白色或者反光表面材质，以降低其自身对室内环境的二次热辐射。

（二）电气与设备节能系统

1. 供配电节能技术

（1）供配电系统节能途径

居民住宅区供配电系统节能，主要通过降低供电线路、供电设备的损耗。①降低供电线路的电能损耗。方式有：合理选择变电所位置；正确确定线缆的路径、截面和敷设方式；采用集中或就地补偿的方式，提高系统的功率；等等。②降低供电设备的电能损耗。采用低能耗材料或工艺制成的节能环保的电气设备；对冰蓄冷等季节性负荷，采用专用变压器供电方式，以达到经济适用、高效节能的目的。

（2）供配电节能技术的类型

包括：①紧凑型箱式变电站供电技术；②节能环保型配电变压器技术，地埋式变电站应优先选用非晶体合金变压器，配电变压器的损耗分为空载损耗和负载损耗，居民住宅区一年四季、每日早中晚的负载率各不相同，故选用低空载损耗的配电变压器，具有较现实的节能意义；③变电所计算机监控技术。

2. 供配电节能技术

（1）照明器具节能技术

①选用高效照明器具

包括：第一，高效电光源，包括紧凑型荧光灯、细管型荧光灯、高压钠灯、金属卤化物灯等；第二，照明电器附件，电子镇流器、高效电感镇流器、高效反射灯罩等；第三，光源控制器件；包括调光装置、声控、光控、时控、感控等。延时开关通常分为触摸式、声控式和红外感应式等类型，在居住区内常用于走廊、楼道、地下室、洗手间等场所。

②照明节能的具体措施

包括：第一，降低电压节能，即降低小区路灯的供电电压，达到节能的目的，降压后的线路末端电压不应低于 198V，且路面应维持"道路照明标准"规定的照度和均匀度；第二，降低功率节能，是在灯回路中多串一段或多段阻抗，以减小电流和功率，达到节能的目的；第三，清洁灯具节能。清洁灯具可减少灯具污垢造成的光通量衰减，提高灯具效率的维持率，延长竣工初期节能的时间，起到节能的效果；第四，双光源灯节能，是指一个灯具内安装两只灯泡，下半夜保证照度不低于下一级维持值的前提下，关熄一只灯泡，实现节能。

（2）居住区景观照明节能技术

①智能控制技术

采用光控、时控、程控等智能控制方式，对照明设施进行分区或分组集中控制，设置平日、假日、重大节日等，以及夜间不同时段的开、关灯控制模式，在满足夜景照明效果设计要求的同时，达到节能效果。

②高效节能照明光源和灯具的应用

应优先选择通过认证的高效节能产品。鼓励使用绿色能源；积极推广高效照明光源产品，配合使用光效和利用系数高的灯具，达到节能的目的。

（3）地下汽车库、自行车库等照明节电技术

①光导管技术

光导管主要由采光罩、光导管和漫射器三部分组成。其通过采光罩高效采集自然光线，导入系统内重新分配，再经过特殊制作的光导管传输和强化后，由系统底部的漫射装置把自然光均匀高效地照射到任何需要光线的地方，从而得到由自然光带来的特殊照明效果，是一种绿色、健康、环保、无能耗的照明产品。

②车库照明自动控制技术

采用红外、超声波探测器等，配合计算机自动控制系统，优化车库照明控制回路，在满足车库内基本照度的前提下，自动感知人员和车辆的行动，以满足灯开、关的数量和事先设定的照度要求，以期合理用电。

（4）绿色节能照明技术

① LED 照明技术（又称发光二极管照明技术）

它是利用固体半导体芯片作为发光材料的技术。LED 光源具有全固体、冷光源、寿命长、体积小、高光效、无频闪、耗电小、响应快等优点，是新一代节能环保光源。但是，LED 灯具也存在很多缺点：光通量较小、与自然光的色温有差距、价格较高；限于技术原因，大功率 LED 灯具的光衰很严重，半年的光衰可达 50% 左右。

②电磁感应灯照明技术（又称无极放电灯）

此技术无电极，依据电磁感应和气体放电的基本原理而发光。其优点有：无灯丝和电极；具有 10 万小时的高使用寿命，免维护；显色性指数大于 80，宽色温从 2700K 到 6500K，具有 801m/W 的高光效，具有可靠的瞬间启动性能，同时低热量输出；适用于道路、车库等照明。

3.智能控制技术

（1）智能化能源管理技术

智能化能源管理技术是通过居住区智能控制系统与家庭智能交互式控制系统的有机组合，以可再生能源为主、传统能源为辅，将产能负荷与耗能负荷合理调配，减少投入浪费，降低运行消耗，合理利用自然资源，保护生态环境，以实现智能化控制、网络化管理、高效节能、公平结算的目标。

（2）建筑设备智能监控技术

按照建筑设备类别和使用功能的不同，建筑设备智能监控系统可划分为：①供配电设备监控子系统；②照明设备监控子系统；③电梯、暖通空调、给排水设备子系统；④公共交通管理设备监控子系统；等等。

（3）变频控制技术

变频控制技术是运用技术手段来改变用电设备的供电频率，进而达到控制设备输出功率的目的。变频传动调速的特点是不改动原有设备，实现无级调速，以满足传动机械要求；变频器具有软启、软停功能，可避免启动电流冲击对电网的不良影响，既减少电源容量还可减少机械惯动量和损耗；不受电源频率的影响，可以开环、闭环；可手动、自动控制；在低速时，定转矩输出、低速过载能力较好；电机的功率因数随转速增高、功率增大而提高，使用效果较好。

（三）给排水节能系统

通过调查收集和掌握准确的市政供水水压、水量及供水可靠性的资料，根据用水设备、用水卫生器具供水最低工作压力要求水嘴，合理确定直接利用市政供水的层数。

1.小区生活给水加压技术

对市政自来水无法直接供给的用户，可采用集中变频加压、分户计量的方式供水。小区生活给水加压系统的三种供水技术：水池＋水泵变频加压系统、管网叠压＋水泵变频加压、变频射流辅助加压。为避免用户直接从管网抽水造成管网压力过大波动，有些城市供水管理部门仅认可"水池＋水泵变频加压"和"变频射流辅助加压"两种供水技术。通常情况下，可采用"射流辅助变频加压"供水技术。

2.高层建筑给水系统分区技术

给水系统分区设计中，应合理控制各用水点处的水压，在满足卫生器具给水配件额定流量要求的条件下，尽量取低值，以达到节水节能的目的。住宅入户管水表前的供水静压力不宜大于 0.20 MPa；水压大于 0.30 MPa 的入户管，应设可调式减压阀。

（四）暖通空调节能系统

1. 室内热环境和建筑节能设计指标

室内热环境和建筑节能设计指标包括以下五点。①冬季采暖室内热环境设计指标，应符合下列要求：卧室、起居室室内设计温度取 16～18℃；换气次数取 1.0 次/h；人员经常活动范围内的风速不大于 0.4 m/s。②夏季空调室内热环境设计指标，应符合下列要求：卧室、起居室室内设计温度取 26～28℃；换气次数取 1.0 次/h；人员经常活动范围内的风速不大于 0.5 m/s。③空调系统的新风量，不应大于 20 m³/（h·人）。④通过采用增强建筑围护结构保温隔热性能提高采暖、空调设备能效比的节能措施。⑤在保证相同的室内热环境指标的前提下，与未采取节能措施前相比，居住建筑的采暖、空调能耗应节约50%。

2. 住宅通风技术

（1）住宅通风设计的设计原则

应组织好室内外气流，提高通风换气的有效利用率；应避免厨房、卫生间的污浊空气，进入本套住房的居室；应避免厨房、卫生间的排气从室外又进入其他房间。

（2）住宅通风设计的具体措施

住宅通风采用自然通风、置换通风相结合技术。住户换气平时采用自然通风；空调季节使用置换通风系统。

①自然通风

通过有效利用风压来产生自然通风，因此首先要求建筑物有较理想的外部风速。为此，建筑设计应着重考虑以下问题：建筑的朝向和间距，建筑群布局；建筑平面和剖面形式，开口的面积与位置，门窗装置的方法，通风的构造措施，等等。

②置换通风

在建筑、工艺及装饰条件许可，且技术经济比较合理的情况下可设置置换通风。采用置换通风时，新鲜空气直接从房间底部送入人员活动区，在房间顶部排出室外。整个室内气流分层流动，在垂直方向上形成室内温度梯度和浓度梯度。置换通风应采用"可变新风比"的方案。

3. 住宅采暖、空调节能技术

一般情况下，小区普通住宅装修房配套分体式空气调节器；高级住宅及别墅装修房配套家用或商用中央空气调节器。

（1）居住建筑采暖、空调方式及其设备的选择

应根据当地资源情况，经技术经济分析以及用户设备运行费用的承担能力综合考虑确定。一般情况下，居住建筑采暖不宜采用直接电热式采暖设备；居住建筑采用分散式（户式）空气调节器（机）进行制冷、采暖时，其能效比、性能系数应符合国家现行有关标准中的规定值。

（2）空调器室外机的安放位置

在统一设计时，应有利于室外机夏季排放热量、冬季吸收热量；应防止对室内产生热污染及噪声污染。

（3）房间气流组织

应尽可能使空调送出的冷风或暖风吹到室内每个角落，不直接吹向人体；对复式住宅或别墅，回风口应布置在房间下部；空调回风通道应采用风管连接，不得用吊顶空间回风；空调房间均要有送、回风通道，杜绝只送不回或回风不畅；住宅卧室、起居室、应有良好的自然通风。当住宅设计条件受限制，不得已采用单朝向型住宅的情况下，应采取以下措施：户门上方通风窗、下方通风百叶或机械通风装置等有效措施，以保证卧室、起居室内良好的通风条件。

（4）置换通风系统

送风口设置高度 h<0.8 m；出口风速宜控制在 0.2 ~ 0.3 m/s；排风口应尽可能设置在室内最高处，回风口的位置不应高于排风口。

四、绿色居住建筑的节水与水资源利用体系

（一）分质供水系统

根据当地水资源状况，因地制宜地制订节水规划方案。按"高质高用、低质低用"原则，小区一般设置两套供水系统，生活给水系统、消防给水系统，水源采用市政自来水。

景观、绿化、道路冲洗给水系统：水源采用中水或收集、处理后的雨水。

（二）中水回用系统

在建筑面积大于 20 000 m² 的居住小区硬设置中水回用站。对收集的生活污水进行深度处理。处理水质达到国家《杂用水水质标准》。中水作为小区绿化浇灌、道路冲洗、景

观水体补水的备用水源。

1. 中水回用处理常用方法

（1）生物处理法

利用水中微生物的吸附、氧化分解污水中的有机物，包括：好氧微生物和厌氧微生物处理，一般以好氧处理较多。其处理流程为：原水→格栅→调节池→接触氧化池→沉淀池→过滤→消毒→出水。

（2）物理化学处理法

以混凝沉淀（气浮）技术及活性炭吸附相结合为基本方式，与传统的二级处理相比，提高了水质，但运行费用较高。其处理流程为：原水→格栅→调节池→絮凝沉淀池→活性炭吸附→消毒→出水。

（3）膜分离技术

采用超滤（微滤）或反渗透膜处理，其优点是 SS 去除率很高，占地面积与传统的二级处理相比，大为减少。

（4）膜生物反应器技术

膜生物反应器是将生物降解作用与膜的高效分离技术结合而成的一种新型高效的污水处理与回用工艺。其处理流程为：原水→格栅→调节池→活性污泥池→超滤膜→消毒→出水。

2. 中水处理的工艺流程选择原则

①以洗漱、沐浴或地面冲洗等优质杂排水时（$CODer\ 150 \sim 200\ mg/L$，$BOD_5\ 50 \sim 100\ mg/L$）一般采用物理化学法为主的处理工艺流程即满足回用要求。

②主要以厨房、厕所冲洗水等生活污水时（$CODer\ 300 \sim 350\ mg/L$，$BOD_5\ 150 \sim 200\ mg/L$）：一般采用生化法为主或生化、物化相结合的处理工艺。物化法一般流程为：混凝→沉淀→过滤。

3. 规划设计要点

包括：①中水工程设计，应根据可用原水的水质、水量和中水用途，进行水量平衡和技术经济分析，合理确定中水水源、系统形式、处理工艺和规模；②小区中水水源的选择，要依据水量平衡和经济技术比较确定，并应优先选择水量充裕稳定、污染物浓度低、水质处理难度小、安全且居民易接受的中水水源，当采用雨水作为中水水源或水源补充时，应有可靠的调贮量和超量溢流排放设施；③建筑中水工程设计，必须确保使用、维修安全，中水处理必须设消毒设施，严禁中水进入生活饮用水系统；④小区中水处理站，按规划要求独立设置，处理构筑物宜为地下式或封闭式。

第二节 办公建筑的绿色节能设计

一、办公建筑的主要特征

(一) 空间的规律性

办公模式分为小空间和大空间两种，其空间模式基本上都是由基本办公单元组成且重复排列、相互渗透、相互交融、有机联系，以使工作交流通畅。

(二) 立面的统一性

空间的重复排列自然导致了办公建筑立面造型上的元素的重复性及韵律感。办公空间要求具有良好的自然采光和通风，这使得建筑立面有大量的规律排列的外窗。其围护结构设计应力求与自然的亲密接触而非隔绝。

(三) 建筑耗能量大且时间集中

现代办公建筑使用人员相对密集、稳定，使用时间较规律。这两种特征导致了在"工作日"和"工作时间"中能耗较大。办公建筑一般全年使用时间为 200 ~ 250 天，每天工作 8 h，设备全年运行时间为 1600 ~ 2000 h。

二、现代办公建筑的发展趋势

(一) 整体设计风格——特色化倾向

现代办公建筑设计日益倾向于突出地方主义、理性主义和现代主义倾向、强调地域景观特色，日益体现与城市人文环境融合、设计结合自然的理念与趋势。办公建筑的外部空间环境设计也应设计出高度满足人的视觉与情感需求的空间，体现整体设计的特色化。

(二) 高技主义——智能生态办公倾向

智能化设计趋势，即利用高科技手段创造的智能生态办公楼建筑。智能办公建筑广义上讲，是一个高效能源系统、安全保障系统、高效信息通信系统以及办公自动化系统。其评价指标为 3A、5A，是指建筑有三个或五个自动化的功能，即通信自动化系统、办公自动化系统、建筑管理自动化系统、火灾消防自动化系统和综合的建筑维护自动化系统。生态智能办公建筑因其高舒适度和低能耗的特点，具有很高的价值。

（三）办公环境设计——绿色生态倾向

生态办公不仅意味着小环境的绿色舒适，还意味着针对大环境的节能环保，既让员工快乐工作、提高工作效率，又能节省运营费用，提供经济效益。"生态办公"的内涵就是在舒适、健康、高效和环保的环境下进行办公。在这种办公环境下，空气质量较高，对人体健康是有利的，并高效地利用了各种资源的同时又有利于提高工作效率。在办公楼内可以布置餐饮、半开放式茶座、观景台等非正式交流场所，有的甚至在写字楼内部建有绿地或花园等，使人、建筑与自然生态环境之间形成一个良性的系统，真正实现建筑的生态化、办公环境的生态化。

三、绿色生态办公建筑的设计要点及要求

（一）绿色生态办公建筑的设计要点

绿色生态办公建筑的设计要点包括：①减少能源、资源、材料的需求，将被动式设计融入建筑设计之中，尽可能利用可再生能源如太阳能、风能、地热能，以减少对于传统能源的消耗，减少碳排放；②改善围护结构的热工性能，以创造相对可控的、舒适的室内环境，减少能量损失；③合理巧妙地利用自然因素（场地、朝向、阳光、风及雨水等），营造健康、生态、适宜的室内外环境；④提高建筑的能源利用效率；⑤减少不可再生或不可循环资源和材料的消耗。

（二）绿色生态办公空间的设计要求

1.集成性

绿色办公建筑的建设用途和维护方法很重要，为保证建筑的完成与建筑物维护相分离，由建筑功能出发的建筑设计至关重要，这意味着高效能办公建筑的整体设计必须在建筑师、工程师、业主和委托人的合作下，贯穿于整个设计和建设过程。

2.可变性

高效能办公室必须能够简单、经济地装修，必须适应经常性地更新改造。这些更新改造可能是由于经营方重组、职员变动、商业模式的变化或技术创新。先进的办公室必须通过有效采用不断涌现的新技术，如电信、照明、计算机技术等，通过革新设备如电缆汇流、数模配电，来迎接技术的发展变化。

3. 安全、健康与舒适性要求

居住者的舒适度是工作场所满意度的一个重要方面。在办公环境中，员工的健康、安全和舒适是最重要的问题。办公空间设计应提高新鲜空气流通率，采用无毒、低污染材料和系统等要求。现代高效能办公空间将能够提供个性化气候控制，允许用户设定员工各自的、局部的温度、空气流通率和风量大小。员工们可以接近自然，视野开阔，有相互交往的机会，还可以控制自己周边的小环境。

四、现代绿色办公建筑的生态设计理念

现代绿色办公建筑的生态设计理念包括：①绿化节能，符合生态要求的高科技元素在建筑中给予充分的考虑，在室内创造室外环境，即把室外的自然环境逐渐地引入室内，提供一种室内类似于自然的环境；②自然采光，有效组织的自然气流；③高效节能的双层幕墙体系，使用呼吸式幕墙，改变人工环境，产生对流空间，有利通风换气，从而创造一种自然环境；④节能设备的广泛应用，极大提高办公楼的使用品质及舒适度，节约能源，体现可持续发展的思想；⑤应用自然的建筑材料，达到一种自然的状态，给人创造一种舒服的生态环境。

五、现代绿色办公建筑的空间表现形态

（一）带室内花园、通风中庭的办公楼

中庭空间的特点和设计要求：①室内中庭使得其周围的办公空间得以自然通风换气，并能将日光引进建筑内部深处；②在中庭处，每层均可设置带通透栏杆的室内阳台，增强了视觉效果；③中庭开口处，每层均应设置加密喷淋保护，防止火灾发生时大火向中庭内部蔓延；④中庭的通风，可在中庭顶部的玻璃天窗侧面设智能控制的电动百叶窗，在不同季节、气候和时间，均可调节电动百叶窗以控制通风量。通风中庭还是一个巨大的"空气缓冲器"，它可调节室外温度变化对建筑的影响，形成相对稳定的建筑内部空间小气候，使室内保持健康、宜人的工作环境，同时节约大量的能源。

（二）"垂直花园式"办公楼：让工作成为一种享受

现代办公环境应具有舒适、自然、健康的特征。以人为本、高效率、人性化的办公空间，运用先进的现代建筑设计理念，以人为中心，合理布局，充分考虑办公人员的使用功能需要和心理需求。在综合办公楼的环境设计中，强调将自然引入建筑，在室外、室内、半室外、屋顶等处，根据不同的环境条件进行不同的绿化布置，全方位地营造绿色空间。可设

计"空中共享"的小中庭，内置大量绿色植物，营造立体化、多层次的绿色空间，与大自然融为一体，成为生态的办公环境。

六、现代绿色办公建筑的生态技术策略

（一）办公室应尽量利用自然通风和自然采光

理想的办公建筑的采光不仅应该充分考虑自然采光，还要考虑自然采光与人工照明的互动，光线不仅应该符合各种类型工作的要求，而且应该能够激发员工的工作激情和灵感。

办公建筑应缩短办公区的进深，使工作区域内都能得到良好的自然采光，光线不足时才辅以人工照明；可以通过窗户的形状、室内材料表面的反射性能来提高室内采光照明，外窗开得越大，室内照明越好。如柱子、顶棚、地面应采用浅色明亮的材料作为装饰完成面，窗框采用浅色表面能降低室内外光线明暗对比，有利于舒缓人的眼睛。

（二）避免眩光及采用有效的遮阳系统

1.避免眩光及采取外墙遮阳装置

为了降低空调能耗和办公室眩光，往往需要在建筑物南向和东、西向设置遮阳装置。但是不恰当的遮阳设计会造成冬季采暖能耗和照明能耗的上升。因此，外窗遮阳方案的确定，应通过动态调整的方法，综合考虑照明能耗和空调能耗，最终得到最佳外遮阳方案。

2.玻璃幕墙的遮阳

在大面积的玻璃幕墙的办公建筑中，有效的遮阳是很重要的降低夏天能耗的措施。具体措施如下：①使用双层幕墙，在双层幕墙空气间层内集成地设置一个遮阳系统，可以全面地保护整个建筑，防止室内办公空间失控性地被晒热；②空气间层内设置可拉下的金属百叶可以防止过强的阳光照射；③遮阳系统是灵活的，可以单独调节；④考虑人的心理因素，与室外良好的视觉联系是很重要的，金属遮阳百叶在被拉下的情况下也能保证内外视线的联通。

（三）提高能源系统与能源利用效率

1.办公建筑的主要能源问题

包括：①常规能源利用效率低，可再生能源利用不充分；②无组织新风和不合理的新风的使用导致能耗增加；③冷热源系统方式不合理，冷冻机选型偏大，运行维护不当；④输配电系统由于运行时间长，控制调节效果差，导致电耗较高；⑤照明及办公设备用电存在普遍的浪费现象。

因此，在优化建筑围护结构、降低冷热负荷的基础上，应提高冷热源运行效率，降低输配电系统的电耗，使空调及通风系统合理运行，降低照明和其他设备电耗，这一系列无成本、低成本可以有效降低建筑能耗。

2. 可再生能源利用

太阳能和地热能取之不尽、清洁安全，是理想的可再生能源。太阳能光电、光热系统与建筑一体化设计，既能够提供建筑本身所需电能和热能，又可以减少占地面积。地热系统是利用地层深处的热水或蒸汽进行供热，并可利用地层一定深度恒定的温度对进入室内的新风进行冬季预热或夏季预冷。

3. 水能源回收与利用

办公建筑用水量主要体现在使用人数和使用频率上，主要包括饮用水、生活用水、冲厕水，以及比例较小的厨房用水。①节水。节水不仅仅要求更新节水设备，更要求每位使用者养成节水的习惯。②中水的回收利用。中水的回收利用已经是较成熟的技术，但在单个建筑设置中水回收不仅造价高而且并不一定有效，这就需要城市提供建筑节能绿色的基础设施系统。雨水经屋顶收集处理后可用于冲洗厕所，可以浇灌植被。

七、整体设计——实现办公建筑绿色节能的三个层面

生态设计不是建筑设计的附加物，不应把它割裂看待。目前普遍的一个误区是建筑设计完成后把生态设计作为一个组件安装上去，事实上，从建筑设计之初就应该考虑生态的因素，并以此作为出发点，衍生出一套适合当地气候特点的建筑设计方案。

第一层面，在建筑的场址选择和规划阶段考虑节能，包括场地设计和建筑群总体布局。这一层面对于建筑节能的影响最大，这一层面的决策会影响以下各个层面。

第二层面，建筑设计阶段考虑节能，包括通过单体建筑的朝向和体形选择、被动式自然资源利用等手段减少建筑采暖、降温和采光等方面的能耗需求。这一阶段的决策失当最终会使建筑机械设备耗能成倍增加。

第三层面，建筑外围护结构节能和机械设备系统本身节能。

八、现代绿色办公建筑的低碳三要素

（一）要素一：采用"被动式设计"，减少能源需求

"被动式绿色建筑"的设计内容及流程：①根据太阳、风向和基地环境来调整建筑的朝向；②最大限度地利用自然采光以减少使用人工照明；③提高建筑的保温隔热性能来减少冬季热量损失和夏季多余的热量；④利用蓄热性能好的墙体或楼板获得建筑内部空间的

热稳定性；⑤利用遮阳设施来控制太阳辐射；⑥合理利用自然通风来净化室内空气并降低建筑温度；⑦利用具有热回收性能的机械通风装置。

（二）要素二：降低"灰色能源"的消耗

"灰色能源"，即在制造和运输建筑材料过程中消耗的能源，比起建筑中使用的供热、制冷能源来讲，它是隐性的消耗。当上述显性能源消耗降低时，隐性能源的消耗比例自然升高。灰色能源消耗占有相当的比重，所以，尽量使用当地材料，减少运输过程中的能源消耗，从而减少灰色能源的消耗以及温室气体的排放。

（三）要素三：应用可替代能源和可再生能源

1. 太阳能
太阳能可以用来产生热能和电能。太阳能光电板技术发展迅速，如今其成本已经大大降低，而且日趋高效。太阳能集热器是一种有效利用太阳能的途径，目前主要用来为用户提供 热水。

2. 地热能
地热能也是一种不容忽视的能源，由于地表一定深度后其温度相对恒定且土壤蓄热性能较好，所以利用水或空气与土壤的热交换既能够在冬季供热也可在夏季制冷，同时，冬季供热时能够为夏季蓄冷，夏季制冷时又为冬季蓄了热。

第三节 商业建筑的绿色节能设计

一、现代商业空间形态的新变化

（一）商业形态的多元化、综合化

1."购物 +N 种娱乐"的多元化模式
现代商业建筑常根据社会需求、时尚热点和消费水平来界定功能空间的分区，日益呈现"购物 +N 种娱乐"的模式。体现在：①满足不同层次的消费需求，如设置名品专卖廊、形象设计室、文化读书廊、博物馆、健身娱乐厅等新的消费区；②购物与休闲娱乐相结合，如购物中心中设置电影院、夜总会、特色餐馆等空间。

2. 不同的商业建筑形式

不同的业态和销售模式产生了不同的商业建筑形式，如百货商场、超级市场、购物中心、便利店、专卖店、折扣店等，日益丰富多彩，可以满足不同购物人群的要求。

（二）建筑形态的集中化、综合化

现代城市商业建筑空间中引入文化、休闲、娱乐、餐饮等多种功能，形成各种规模的商业综合体建筑已日益普遍，它在商业客源共享的同时，也使多元化与综合化这两种商业空间出现交叉和重叠。如专卖店加盟百货商场以提高商品档次，超级市场、折扣店进驻购物中心以满足消费者一站式的购物需求，等等。

二、商业建筑的规划和环境设计

（一）商业建筑的选址与规划

1. 商业定位、选址条件及原则

商业建筑在选址中，应深入进行前期调研，其商业定位应以所在区段缺失的商业内容为参考目标。商业地块及基地环境的选择，应考虑物流运输的可达性、交通基础设施、市政管网、电信网络等是否齐全，减少初期建设成本，避免重复建设而造成浪费。场地规划应利用地形，尽量不破坏原有地形地貌，降低人力物力的消耗，减少废土、废水等污染物，避免对原有环境产生不利影响。

2. 城市中心区商圈的商业聚集效应

很多的城市中心区经过多年的建设与发展，各方面基础设施条件都比较完备齐全，消费者的认知程度较高，逐渐形成了中心区商圈，有些会成为吸引外来游客消费的城市景点。在商圈中的商业设施应在商品种类、档次、商业业态上有所区别，避免对消费者的争夺。一定的商圈范围内集中若干大型商业设施，相互可利用客源。新建商业建筑在商圈落户，会分享整个商圈的客流，具有品牌效应的商业建筑更能提升商圈的吸引力和知名度。这些商业设施应保持适度距离，避免过分集中造成的人流拥挤，使消费者产生回避心理。

3. 商业空间与城市公共交通一体化设计

城市轨道交通具有速度快、运量大等优势，而密集的人流正是商业建筑的立足之本。因此，轨道交通站点中的庞大人群中蕴藏着商业建筑的巨大利益，使这一利益实现的建筑方法正是商业空间与城市公共交通的一体化设计。通过一体化设计，轨道交通与商业建筑以多种形式建立联系、组成空间连接，形成以轨道交通为中心，商业建筑为重心的城市新空间，达到轨道交通与商业建筑的双赢。

（二）商业建筑的绿色环境设计

理想的商业建筑环境设计，不仅可以给消费者提供舒适的室外休闲环境，而且，环境中的树木绿化可以起到阻风、遮阳、导风、调节温湿度等作用。绿色环境设计包括以下几方面。

1. 绿化的选择

应多采用本土植物，尽量保持原生植被。在植物的配置上应注意乔木、灌木相结合，不同种类相结合，达到四季有景的效果。

2. 硬质铺地与绿化的搭配

商业建筑室外广场一般采用不透水的硬质铺装且面积较大时，在心理上给人的感觉比较生硬，绿化和渗透地面有利于避免单调乏味并增加气候调节功能。硬质铺装既阻碍雨雪等降水渗透到地下，无法通过蒸发来调节温度与湿度，造成夏季城市热岛效应加剧。

3. 水环境

良好的水环境不宜过大、过多，应该充分考虑当地的气候和人的行为心理特征。如一些商业建筑在广场、中庭布置一些水池或喷泉，既可以提升景观空间效果、吸引人流，也可以很好地调节室内外热环境。水循环设计要求商业建筑场地要有涵养水分的能力。场地保水策略可分为"直接渗透"和"贮集渗透"两种，"直接渗透"是利用土壤的渗水性来保持水分；"贮集渗透"模仿了自然水体的模式，先将雨水集中，然后低速渗透。对于商业建筑来说，前者更加适用。

三、商业建筑的绿色节能设计

（一）商业建筑的平面设计

1. 建筑物朝向选择

朝向与建筑节能效果密切相关。南向有充足的日照，冬季接收的太阳辐射可以抵消建筑物外表面向室外散失的热量，但夏季也会导致建筑得热过多，加重空调负担。因而选择坐北朝南的商业建筑在设计中可采用遮阳、辅助空间遮挡等措施解决好两者之间的矛盾。

2. 合理的功能分区

商业建筑平面设计，应统一协调考虑人体舒适度、低能耗、热环境、自然通风等因素与功能分区的关系。一般面积占地较大的功能空间应放置在建筑端部并设置独立的出入口，若干核心功能区应间隔分布，其间以小空间穿插连接以缓解大空间的人流压力。

3.各种商业流线的组织

商业建筑应细化人流种类，防止人流过分集中或分散引起的能耗利用不均衡；物流、车流等各种流线尽可能不交叉；同种流线不出现遗漏和重复以提高运作效率。

（二）商业建筑的造型设计

建筑体形系数小及规整的造型，可以有效地减少与气候环境的接触面积，降低室外不良气候对室内热环境的影响，减少供冷与供暖能耗，有利于建筑节能。大型商业建筑一般体形系数较小，但体形过分规整不利于形成活跃的商业氛围，也会造成室内空间利用上的不合理。因而，可适当采取体块穿插、高低落差等处理手法，在视觉上丰富建筑轮廓。高起的体形还能遮挡局部西晒，有利于节能。

（三）室内空间的材质选择

①商业建筑室内装饰材料的选用，首先要突显商业性、时尚性，其次还应重点考虑材料的绿色环保特性。②在设计过程中，应该避免铺张奢华之风，用经济、实用的材料创造出新颖、绿色、舒适的商业环境。③在具体工程项目中应考虑尽量使用本土材料，从而可以降低运输及材料成本，减少运输途中的能耗及污染。④应采用不同的材质满足不同的室内舒适度要求。需要通过人工照明营造室内商业氛围的空间，要求空间较封闭，开窗面积较小，因而采用实墙处理更有利于人工控制室内物理环境；而主要供消费者休息、空间过渡之用的公共与交通部分，可以采用通透的处理手法，既能使消费者享受到充足的阳光，又有利于稳定室内热环境。

（四）商业中庭设计

1.中庭热环境设计

中庭是商业建筑最常用的共享功能空间，其顶部一般设有天窗或采光罩引入自然光，减少人工照明能耗。夏天，利用烟囱效应，将室内有害气体以及多余的热量进行集中，统一排出室外；冬天，利用温室效应将热量留在室内，提高室内的温度，但应注意夏季过多的太阳辐射对中庭内热环境的影响。

2.中庭绿化

高大的中庭空间为种植乔木等大型植物提供了有利条件。合理配置中庭内的植物，可以调节中庭内的湿度，有些植物还具有吸收有害气体和杀菌除尘的作用。另外，利用落叶植物不同季节的形态，还能达到调节进入室内太阳辐射的作用。

（五）地下空间利用

商业土地寸土寸金，立体式开发可以发挥土地利用的最大效益，保证商家获得最大利益。地下空间的利用方式有以下两种。

1. 在深层地下空间发展地下停车库

目前全国的机动车数量上升迅速，开车购物已成为一种普遍的生活方式，购物过程中的停车问题也成为影响消费者购物心情与便捷程度的重要因素，现代商业建筑可利用地下一、二层的浅层地下空间，发展餐饮、娱乐等商业功能，而将地下车库布置在更深层的空间里，在获得良好经济效益的同时，也实现了节约用地的目标。

2. 地下商业空间与城市公共交通衔接

大型商业建筑将地下空间与城市地铁等地下公共交通进行连接，可减少消费者购物时搭乘地面机动车或自己驾车给城市交通带来的压力，充分利用公共交通资源，达到低碳生活的目的。

（六）商业承租模式与建筑空间的灵活性

有些商业建筑承租户更替频率比较高，因此在租赁单元的空间划分上应该尽量规整，各方面条件尽量保持均衡，而且做到可以灵活拆分与组合，满足不同承租户的需求，便于能耗管理。

四、商业建筑空间环境的设计方式

（一）室内空间室外化处理

"室内空间室外化"普遍的设计手法是在公共空间上加上玻璃顶或大面积采光窗的广泛使用，它一方面可以引入更多的室外自然光线和景观；另一方面有助于加强内外视觉交流、强化商业建筑与城市生活的沟通。此外，将自然界的绿化引入到室内空间，或者将建筑外立面的装饰手法应用到商业建筑的室内界面上也是室内空间室外化的处理手法。

（二）商业环境景观化、园林化

建筑环境景观化、园林化，首先，表现在室内设计中绿化、水体和小品的设计上。为了重现昔日城市广场的作用和生机，不仅室内绿化有花卉、绿篱、草坪和乔灌木的搭配，水体设计还大量运用露天广场中的喷泉、雕塑、水池、壁画相结合的方法来营造商业建筑的核心空间。其次，采用立体绿化，充分利用建筑的屋顶、台阶、地下的空间进行景观设计，把建筑变成一个三维立体的花园。有的为求商品与环境的有机结合，而创造出特殊氛围的商业环境。

（三）购物方式步行化

为了消除城市汽车交通和商业中心活动的冲突，以及人们对于购物、休息、娱乐、游览、交往一体化的要求，通过人车分离，把商业活动从汽车交通中分离出来，于是形成了步行街（Pedestrian mall）或步行区（Pedestrian area），各类商业、文化、生活服务设施集中，还有供居民漫步休憩的绿地、儿童娱乐场、喷泉、水池及现代雕塑等。邻近安排停车场与各类公共交通站点，有的引进地铁或高架单轨列车，形成便捷的交通联系。

（四）公共空间社会化

商业建筑要引入城市生活，首先，需要改变内向性特点，把内部公共空间向城市开放。其次，应处理好商业建筑公共空间与城市街道的衔接与转换，在城市与建筑之间架设视线交流的轨道。有的设计把公共空间置于沿街一侧，形成"沿街中庭"或"单边步行街"，这非常有利于提高公共空间的开放性。

五、商业建筑结构设计中的绿色理念

商业建筑通常需要高、宽、大的特殊空间，内部空间的自由分割与组合是商业建筑的特点，因而应以全寿命周期的思维去分析，合理选择商业建筑的结构形式与材料，在满足结构受力的条件下，结构所占面积尽量最小，以提供更多的使用空间。尽量缩短施工周期以实现尽早营利。

（一）钢结构商业建筑

钢结构的刚度好、支撑力强、有时代感，能突显建筑造型的新颖、挺拔，目前已成为商业建筑最具优势的结构形式。虽然钢结构在建设初期投入成本相对较高，但是在后期拆除时，这些钢材可以全部回收利用，从这一角度讲，钢结构要比混凝土结构更加节能环保。

（二）木结构商业建筑

木材属于天然材料，其给人亲和力的特点优于其他材料，对室内湿度也有一定的调节能力，有益于人体健康。木材在生产加工过程中不会产生大量污染，消耗的能量也低得多。木结构在废弃后，材料基本上可以完全回收。但是，选用木结构时应该注意防火、防虫、防腐、耐久等问题。此外，可以将木结构与轻钢结构相结合，集合两种结构的优点，创造舒适、环保的室内环境。

六、商业建筑围护结构的节能设计

（一）屋顶保温隔热

商业建筑一般为多层建筑，占地面积较大导致屋顶面积较大。屋顶不仅要承受一定的荷载，还必须做好防水及抵御室外恶劣气候的能力。屋顶与外界环境交换的热量更多，相应的保温隔热要求比墙体更高。

设置屋顶花园是提高商业建筑屋顶保温隔热性能的有效方法之一，并且可以提高商业建筑的休闲品位。屋顶花园首先要解决防水和排水问题，屋顶花园的防水层构造必须具备防根系穿刺的功能，防水层上铺设排水层；应尽量采用轻质材料以减小屋顶花园的最大荷载量，树槽、花坛等重物应该设置在承重构件上；在植物的选择上应该以喜光、耐寒、抗旱、抗风、植株较矮、根系较浅的灌木为主，少用乔木。另外，架空屋顶，通风屋面等也是实现商业建筑屋面保温隔热的良好措施。

（二）商业建筑遮阳设计

商业建筑采用通透的外表面较多，为了控制夏季太阳对室内的辐射，防止直射阳光造成的眩光，必须采用遮阳措施。由于建筑物所处的地理环境、窗户的朝向，以及建筑立面要求的不同，所采用的遮阳形式也有所不同。外立面可选用根据光线、温度、门窗的不同朝向，自动选取、调节外遮阳系统的类型和构造形式，各种遮阳形式之间也可交叉、互补。

七、商业建筑空调通风系统的节能设计

商业建筑的空调能耗是商业建筑的能耗的主要部分，空调制冷与采暖耗能占到了公共建筑总能耗的 50% ~ 60%。有关资料表明，商业建筑的空调与通风系统有很多相似和相通之处，新风耗能占到空调总负荷的很大一部分，除了提高空调的能效之外，处理好两者之间的关系，也有利于降低空调的能耗。已建成的商业建筑空调节能具有投资回收期短、效益高的特点。

八、商业建筑可持续管理模式

（一）购物中心人流量的周期性特点

1. 商业人流量的周循环特点

消费者一周工作、休息的作息时间，决定了商业建筑人流量一般以一周循环变化。周一到周五工作时间人流量少且多集中到晚上。周四开始人流慢慢变多并持续上升，在周六下午和晚上达到最高值，周日依然保持高位运转，随后逐渐降低。到周日晚间营业结束降至最低点，然后开始新一周的循环。

2. 商业人流量的日循环特点

商业建筑每一天的人流量，也同样存在着一定的规律性。一般早晨9—10点开始营业，到中午之前人流不多；从中午开始，消费者逐渐增多，到傍晚至晚上达到高潮。不同功能的商业建筑也都存在周期性变化。

3. 假日经济的周期性特点

商业建筑另外一个周期性特点就是每年的节假日、黄金周，如元旦、春节、五一、十一、清明、中秋、端午等节日，再加上国外的圣诞节、情人节等，由此催生的假日经济带来了更多的消费机遇。针对以上各种周期性特点，管理者应该合理安排，利用自动以及手动设施控制不同人流、不同外部条件下的各种设备的运行情况，避免造成能耗浪费或舒适度不高。

（二）购物中心节能管理措施

购物中心节能管理措施包括：①建立智能型的节能监督管理体系。对各种能耗进行量化管理，直观显示能耗情况。②对于独立的承租户进行分户计量。根据能耗总量，研究设定平均能耗值，对节能的商户采取鼓励政策，有利于提高承租户自身的节能积极性。③对各种能耗指标进行动态监视。精确掌握水、电、煤气、热等的能耗情况。④各系统具有相对独立性。一旦某个系统出现能耗异常可以及时发现，不应影响到其他系统的使用。⑤管理者应定期对整个购物中心进行全面能耗检查，及早发现并解决问题。

第四节 酒店建筑的绿色节能设计

一、酒店的分类与特点

国际上对酒店分类的方法有很多，目前中国酒店的主要类型有以下四种：商务酒店；旅游度假酒店；经济型酒店；特色精品酒店。这四种类型的酒店根据使用特点的不同，其建筑和配比要求、客房大小、空间关系、室内装修艺术效果、舒适度要求有很大区别，每种类型之中又有低、中、高甚至豪华等不同级别。

（一）现代商务酒店

现代商务酒店要求现代高效、简洁舒适，以满足居住、商务、办公、餐饮、会议等功能要求。因而对于客房走廊长度，会议、餐厅、客房之间便捷的联系有较高的要求。经济型商务酒店则提供基本功能、有限服务和较低的房价。

（二）旅游度假酒店

旅游度假酒店需要满足休闲娱乐、家居氛围、餐饮服务和地域文化、自然风光的体验等功能，因而应结合自然景观、人文传统、地方特色等发挥旅游资源的优势，最大限度地营造独特的体验经历，创造舒适宜人的空间与环境效果。

（三）经济型酒店

经济型酒店是房价适中的中小规模酒店，客户通常为中小企业商务人士、休闲及自助游客人。经济型酒店提供整洁的客房和较少服务，满足商旅客人的最低要求。

（四）特色精品酒店

特色精品酒店其中的一个分支是生活时尚酒店（Lifestyle Hotel）。它抛弃传统的酒店形式的千篇一律，强调利用艺术设计感创造独特的体验。此类酒店以鲜明的个性风格，打动和吸引了一批追求新异体验的前沿消费者。

二、酒店建筑的可持续设计

（一）酒店建筑可持续设计的意义

获得利润是酒店建设最主要的目的之一，酒店建设需要较大规模的投资，因而酒店建设中绿色可持续策略与技术的应用，必须能够帮助投资者获得更多收益，减少日常运营维护费用，减少全寿命周期成本。可持续酒店设计的市场定位、内部功能的解决、客人生理及精神的舒适度与愉悦度满足，生态可持续策略与技术的应用等方面的成败，直接影响酒店的经营与投资回报。

（二）酒店建筑可持续设计的策略及目标

酒店建筑可持续设计的策略，即如何通过规划和建筑设计手段，使酒店建筑在建设和未来几十年的使用过程中，最大限度地满足酒店经营的要求，节约运营维护成本，保持市场的吸引力和营利能力，同时，最大限度地减少对环境的负面影响。

酒店建筑在其使用过程中会消耗大量能源、水和其他资源，通过有效的管理和消费倾向宣传引导，能够有效地降低各种资源消耗。以 150 ～ 180 间客房的三星级酒店为例，开房率按 65% ～ 70% 计算，年消耗一次性用品为 7.5 万 ～ 8.2 万（件）套，年总费用 26 万 ～ 30 万元。一座拥有 300 间客房的饭店，一年的能耗量折成标准煤在 3000t 以上。据有关资料统计，国内饭店每年的能耗占其营收的 5% ～ 13%，能源与维修两项费用占总营业收入的 8% ～ 15%，有的甚至更高。

（三）酒店建筑的建筑选址与前期评估

1. 建筑选址

酒店可持续性设计流程的第一步是选址，场地必须符合建筑本身的要求并与开发的初衷相吻合。可持续酒店建筑选址应关注以下因素：

①场地周边的基础设施，如道路、输电线、水厂及污水处理厂。选址时应尽量避免负面影响。②场地的环境状况。应了解该场地开发前的用途和状况，如是否曾经用于工业设施，是否有水土污染、强电磁场，场地植被是否衰退及被动式太阳能设计及可回收能源空间等。③场地开发的生态特征。通过了解场地的水文学和地质学特征，以评估侵蚀的速度，并判断场地是否有足够的稳定性承载建筑物；评估、预测开发项目计划对地形及生态环境的影响和破坏程度。④场地的文化意义。充分考虑场地内的历史文化设施保护，以及潜在的文化发展。⑤现有建筑物的改造及材料回收。⑥周围区域未来土地用途对开发项目的影响。

了解周围区域的发展规划是否提升或降低场地的价值和美感；同时，还要考虑周边区域的开发对场地日照、给水、供电的影响，以及随之而来的空气、水的污染及噪声和交通问题。

2. 旅游承载力评估

旅游业的承载力，指的是某个场地或日的地在其环境破坏出现之前容纳旅游者及配套设施数量的最大值。一旦超过了阈值，旅游业需要的资源及产生的污染就开始破坏自然环境。开发商要从一开始就考虑建筑物及旅游者数量的阈值，因此，承载力在选址过程中扮演重要的角色；应考虑若干个备选场地，在最终决策前考虑缓解对环境的负面影响所需的人力及财力。

3. 环境影响评估（Environmental Impact Assessment，简称 EIA）

酒店开发建议应避免或消除对环境的潜在影响，为此而采用的手段称为"环境影响评估（EIA）"，它包括：① EIA 是预测和评估开发建议对环境产生影响的一种方式；②在决定开发建议是否应该实施前识别和计算对环境的直接及间接影响；③修订开发建议为避免及减小对环境的潜在影响创造了机遇。

（四）酒店建筑的场地规划及建筑布局

酒店建筑选定场地后，对环境的负面影响最小化的措施也相应确定。酒店建筑的场地规划及建筑布局应注意以下几点：①建筑物应该被放置在场地上生态和文化意义最淡薄的部分；②建筑物的位置及朝向应以一年中太阳运行的轨迹及周围建筑物的投影形状为根据，保证被动式太阳能设计的空间最大化；③建筑空间布局体现美感的同时应保证私密性和安全性；④建筑布局应该充分利用自然条件优势，如利用现有树木夏日遮阳并在冬日增加太阳能获取量；⑤充分利用地形而不是将场地平整，可设计露台使建筑物匹配自然的地貌；⑥土质护坡道可以有效地挡风并且有助于被动式太阳能设计。

三、酒店建筑的绿色节能设计

（一）总体量控制及提高平面使用效率

酒店建筑的总建筑面积、空间体积是影响能耗的重要环节，设计时注重提高酒店建筑的平面使用效率可以减少空间浪费，降低能耗。

1. 酒店建筑的总体量控制

控制酒店的总建筑面积和总体量，是可持续发展、节能减排确保投资回报的首要环节。

2. 提高酒店建筑平面使用效率，减少空间浪费

酒店是功能性很强的一种建筑，酒店设计应对功能有深入的了解和分析，客房区、公

共区、后台服务区三大动线组织设计是关键。

酒店设计很重要的一项指标是营利面积（Profitable Area）与总建筑面积之比。酒店的营利面积指客房、餐厅、大堂吧、会议、宴会厅、健身中心、SPA 等区域。一座设计优秀的酒店可营利面积应该在 80% 以上。

（二）酒店建筑的能耗及节能设计

1. 酒店建筑的能耗特点

酒店建筑的能耗主要包括：空调与通风能耗、采暖能耗、照明能耗、生活热水、办公设备、电梯、给排水设备等。酒店建筑的全年能耗中，50% ~ 60% 消耗用于空调制冷与采暖系统，20% ~ 30% 用于照明。而在空调采暖这部分能耗中，20% ~ 50% 由外围护结构传热所消耗 (夏热冬暖地区大约 20%，夏热冬冷地区大约 35%，寒冷地区大约 40%，严寒地区大约 50%)。

2. 酒店建筑的节能设计策略

（1）避免节能技术与设备的盲目堆砌

建筑节能的唯一衡量标准，是在达到设定的舒适度指标条件下，每平方米建筑面积的能耗指标。更准确科学的定义，是单位建筑面积每年一次性能源消耗指标，而绝不是采用了多少节能技术设备系统。目前，国内某些绿色节能建筑，不顾实际效果，盲目堆砌各种所谓的节能技术与设备，造成高能耗建筑和后期高昂的维护成本。

（2）针对不同要求和特点采取相应的节能设计方案

①针对酒店不同功能空间的要求

酒店的功能复杂，包括物质、文化、生理和心理等方面内容。客房、餐厅、酒吧、会议、大堂等不同功能的空间，对舒适度的要求有很大区别，因而在建筑设计和空调采暖通风系统设计上，应针对不同功能空间的使用特点，选择相应的解决方案。

②针对酒店的间歇性特点

酒店建筑有明显的时间和季节间歇性特点，通常客房的入住率为 50% ~ 70%，一些季节性强的酒店，淡季、旺季的入住率差异更加明显。其他餐厅、会议等区域更是有明显的使用时段，因而，其空调采暖、通风设计必须与其相适应。

3. 酒店重点空间的舒适度与节能设计

酒店大堂、中庭、餐饮、会议等空间需要较高的舒适度，也是最富于艺术表现力的空间，同时也是舒适度和节能设计容易出问题的区域。现代酒店大堂及中庭等高大辉煌的空间，已不是简单的交通功能，更多地具有客厅、休憩、等候、茶饮和私密交谈等功能。这些特效空间的设计需要综合权衡建筑的实用功能性、艺术效果和舒适节能方面的要求，特别应重视分层空间温度空气流速、空间界面温度、阳光舒适度、声舒适度等方面的要求，以最终选择最佳的解决方案。

4.酒店建筑空调系统的节能设计重点

酒店由于季节性和使用间歇性大，因而需要空调系统能够灵活可调，且反应快速。影响酒店空调系统能耗的主要有采暖锅炉、制冷机水泵、新风机和控制系统。在新建酒店空调系统设计和既有酒店建筑空调系统改造方面，节能潜力最大的有以下十个方面：

①冷热源系统的优化与匹配，综合考虑可再生能源利用的实际效果和与其他系统的配合而不是盲目采用多种技术，使系统过于复杂，整体效率降低，反而增加能耗；②根据建筑运行荷载精心选择不同功率大小的制冷机组搭配，使制冷机组总能在较高 CP0 状态下运行；③采用变频水泵，根据冷热负荷需要调节送水量；④根据室外空气温度情况，在过渡季节以及夏日夜间和早晨时段，尽量采用室外空气降温，减少空调开启时间；⑤采用适当的传感与控制系统，要求做到房间里无人时，空调与新风系统自动降到最低要求标准，有条件时，应做到门窗开启时，空调或暖气系统自动关闭；⑥保证输送管线有足够的保温隔热措施减少输送过程能量损耗；⑦定期清洗风机盘管等设备，减少阻力和压力损失；⑧空调整体智能化控制系统，根据末端要求情况利用水资源等系数，准确控制制冷机的开启和水泵运行，在某些季节和时段只对餐厅等空间运行制冷，而对客房和走廊大堂等只进行送风；⑨必要的热回收设备；⑩设计师应关心了解建筑使用后物业管理方式与问题，进行实际能耗跟踪测评统计和用户反馈，有针对性地进行精细化系统设计，而不是只按规范，使设备过大或搭配不合理。

5.酒店建筑的低碳开发

（1）碳排放量与环境破坏

人类进入工业社会以后，工业生产、交通、建设等各领域大量燃烧或使用一次性能源，由此产生并排放出大量 CO_2 气体，导致地球气候环境迅速变暖，最终可能引发灾害性气候与环境变化，严重威胁人类正常的生存环境。应从各方面减少 CO_2 气体的排放，保护人类共同的生存空间。

（2）建设和推广低碳建筑的具体措施

①通过科学设计，系统使用低碳建筑材料，降低建筑全寿命周期中维护更新材料的碳排放量；降低建筑使用过程、拆除和重新利用过程的能耗。②进一步完善建筑节能体系，建立中长期数据库，对各种不同建筑材料，及建筑设备（空调等）在生产过程中的能耗量做出全面统计和分析。③设计、研发和建立适合国内市场需求且经济成本可行的建筑技术

体系和建筑结构体系，有效地降低 CO_2 排放量。

6. 酒店建筑应使用绿色环保建材

酒店工程都是精装修，因而绿化环保建材的应用对室内空气质量至关重要，应做到以下几点。

（1）保证健康的室内空气环境

保证室内空气质量，控制甲醛和有害挥发性有机化合物（TVOC）。甲醛和 TVOC 主要包含在人造板家具、涂料、胶黏剂、壁纸、地毯衬垫中等。

（2）绿色环保建材的全程质量控制

①设计师以及施工标书编制机构，应具备相应的专业知识并重视在设计和标书中对所有材料的环保性提出明确的量化指标要求，包括黏结剂等辅助材料；②施工过程中，要求所有材料提供第三方权威检测机构出具的检测证书并全程备案；③装修完成后进行室内空气质量检测。

（3）减少有害气体排放量

环保建材要求建筑中所有使用的建筑材料及设备，其生产过程中的能源消耗和有害气体排放量，对地球环境可能产生的影响最小。可持续建筑要求减少 CO_2、NO_2、SO_2 等有害气体对臭氧层的破坏，减少磷化物和重金属的排放，以避免对全球环境造成更严重的破坏。

（4）强调就地取材

可持续建筑强调使用本地建筑材料，通常要求主要建筑材料来源在 500km 范围以内。就地取材有利于减少交通运输 CO_2 和其他污染物的排放，同时有利于形成具有地方特色的建筑风格，这一点对于酒店建筑也是非常重要的。

7. 酒店的可持续运营管理

（1）酒店可持续管理的组织架构

酒店需要设立创建绿色酒店的组织机构，由经过专业培训的高层管理者负责；设立绿色行动专项预算；有明确的绿色行动目标和量化指标；为员工提供绿色酒店相关知识培训；有倡导节约、环保和绿色消费的宣传行动，对消费者的节约、环保消费行为提供鼓励措施。

（2）酒店建筑的能耗管理

酒店建筑的运行节能是节能工作非常重要的环节，具体应从下列几个方面入手。①水、电、气、煤、油等主要能耗部门有定额标准和责任制；对每月各项消耗量进行监测和对比分析，定期向员工报告；各项能源费用占营业收入百分比争取达到先进指标。②主要用能设备和功能区域安装计量仪表；定期对空调、供热、照明等用能设备进行巡检和及时维护，减少能源损耗。③积极引进先进的节能设备、技术和管理方法，采用节能标志产品，提高能源使用效率；积极采用可再生能源和替代能源，减少煤、气、油的使用。④公共区域夏季温度设置不低于 26 ℃，冬季温度不高于 20 ℃。

（3）酒店减少废弃物与促进环保

酒店减少废弃物与促进环保应从下列几个方面入手。①减少酒店一次性用品的使用；根据顾客意愿减少客房棉织品换洗次数；简化客房用品的包装；改变洗涤品包装为可充灌式包装；避免过度包装，必须使用的包装材料尽可能采用可降解、可重复使用的产品。②节约用纸，提倡无纸化办公；鼓励废旧物品再利用的措施。③减少污染物排放浓度和排放总量，直至达到零排放。④不使用可造成环境污染的产品，积极选择使用环境标志产品；引进先进的环保技术和设备。⑤采取有效措施减少固体废弃物的排放量，固体废弃物实施分类收集，储运不对周围环境产生危害；危险性废弃物及特定的回收物料交由资质机构处理、处置。⑥采用本地植物绿化饭店室内外环境；积极采用有机肥料和天然杀虫方法，减少化学药剂的使用。

第五节　医院建筑的绿色节能设计

一、现代医疗建筑的四个设计理念

（一）本源设计

本源设计理念是根本性地对健康环境的认知理念，建筑师或规划师通过创造健康和宜人的环境来引导人们培养积极的生活态度和良好的生活方式，从根源上解决健康的问题。

（二）疗愈环境循证设计

疗愈环境循证设计，即"患者感受 + 物理环境"，是以循证设计理念为基础，探索患者和家属的体验和感受，并贯彻到物理环境设计中，并与医院的运营机制相吻合。例如，功能房间缺乏私密性，噪声过大，卧床时被迫盯着天花板上晃眼的灯光，指路系统不明确，等等。

（三）绿色医院

《绿色医院建筑评价标准》CSUS GBC 2-2011 的相关定义：①"绿色医院建筑"，是在建筑的全寿命周期内，最大限度地节约资源（节能、节地、节水、节材）、保护环境和减少污染，提供健康、适用和高效的使用空间，并与自然和谐共生的医院建筑；②"绿色医院建筑环境"，是以患者、医务人员及探视者需求为服务目标，由绿色医院建筑室内外空间共同营造的声、光、电磁、热、空气质量、水体、土壤等自然环境和人工环境。

（四）可持续性设计

可持续建筑是指在建造、运营和拆除的全寿命期间，对环境的负面影响最小、经济和社会效益最佳的建筑。国际经济合作与发展组织 OCED 提出了可持续发展的四项原则：资源使用效率、能源利用效率、污染防治和与环境协调。因此，可持续建筑应当立足于综合环境效益的提高，提供给人们一个经济、舒适，具有环境感与文化感的场所。

二、现代绿色医院建筑的内涵

绿色医院设计应遵循"以病人为中心"和努力创造"人性化的治愈环境"。好的医院环境"。通过吸引或分散病人或其家属的注意力，减低焦虑，对心理感受带来正面的改变。这些改变包括愉悦、鼓舞、创造、满意、享受和赞美。新时期的绿色医院建筑，不仅要求能维持短期的健康运转，还应该为医院建筑注入动态健康的理念，能满足其长远的发展。

现代绿色医院建筑的内涵包括：第一，关注资源、能源的科学保护与利用，要求医院建筑不局限于建筑的单体和区域，应在建筑物的全寿命周期中最低限度地占有和消耗地球资源，最高效率地使用能源，最低限度地产生废弃物并最少排放有害环境的物质；第二，注重对自然环境的尊重和融合健康的医疗建筑环境，应创造良好的、更接近自然的室内外空间环境，运用阳光、清新空气、绿色植物等元素使之成为融入人居生态系统的，满足人类医疗功能需求与心理需求的建筑物；第三，满足使用功能的适应性与建筑空间的可变性，以适应现代医疗技术的更新和生命需求的变化，在较长的演进历程中做到可持续发展。

三、绿色医院建筑的设计原则

（一）自然性原则——关注生态环境

绿色医院建筑应是规模合理、运作高效、可持续发展的建筑。尊重环境，关注生态，与自然协调共存是其设计的基本点。绿色医院建筑设计的自然原则体现在以下三个方面。

1. 合理利用自然资源

即充分利用阳光、雨水、地热、自然风等自然条件；充分利用太阳能、风能、潮汐能、地热能等可再生能源；有效使用水资源；科学进行绿化种植。

2. 消除不利自然因素

应防御自然中的不利因素，通过制订防灾规划和应急措施达到安全性保证；通过做好隔热、防寒、遮蔽直射阳光等构造设施设计，满足建筑各项要求；对于地域性特征的不利因素，应参考当地传统解决办法并积极发展创新。

3. 与自然和谐共生

要符合与自然环境共生的原则，关注建筑本身在自然环境中的地位、人工环境与自然环境的设计质量等问题。

（二）人本性原则——保证健康、舒适、安全

绿色医院建筑设计的一个重要原则是以人为本、尊重人类，其关注、爱护和关怀对象应是包括对患者、医护人员、探视家属在内的多方位人群。主要包含以下方面的要求。

第一，环境舒适度设计应基于人体工程学原理。从人体舒适度角度出发，在医院建筑中营造理想、舒适的室内外空间和微气候环境；尽量借助阳光、自然通风等自然方式调节建筑内部的温湿度和气流。第二，应以行为学、心理学和社会学为出发点，考虑满足人们心理健康和生理健康的环境空间设计的具体方法，创造出合理、健康舒适的环境。第三，提高建筑空间的自主性与灵活性。应重视建筑所在地的地域文化、风俗特征和生活习惯。建筑空间及环境应根据不同使用者不断变化的使用要求进行适当调节。

（三）效益性原则——提倡高效节约

绿色医院建筑的高效节约设计原则，主要指针对医院建筑功能运营方面的经济性要求而采取的设计策略，它的根本思想是通过充分利用并节约各种资源，包括社会资源（人力、物力、财力等）和自然资源（物质资源、能源等），从而实现医院建筑与社会和自然共生。具体的设计范围很宽泛，从前期的投资、规模定位、布局，到流线设计和具体的空间选择，直到建筑的解体再利用，这整个过程中都包含高效节约的设计内容。其具体内容和技术途径主要体现在以下三个方面。

1. 实施节能策略

（1）设计节能

设计节能主要是指在建筑设计过程中考虑节能，诸如建筑总体布局、结构选型、围护结构、材料选择等方面考虑如何减少资源、能源的利用。

（2）建造节能

建造节能主要是在建造过程中通过合理有效的施工组织，减少材料和人力资源的浪

费，以及旧建筑材料的回收利用等。

（3）运营节能

运营节能主要是指在建筑运营使用中合理管理能源的使用，减少能源浪费，如加强自然通风、减少空调的使用等，使建筑走向生态化和智能化的道路。

2.利用新型能源、再生能源，提高能源利用率

资源、能源的节约与有效利用的设计，要求设计师建立体系化节能的概念，从设计到使用全面控制能源的消耗。所有使用的能源都应当向清洁健康或者可循环再生方向发展。

3.结合当地的地域环境特征

绿色医院建筑在基地分析与城市设计阶段，应充分利用建筑场地周边的自然条件，尽量保留和合理利用现有适宜的地形、地貌、植被和自然水系；在建筑的选址、朝向、布局、形态等方面，充分考虑当地气候特征和生态环境；在与自然的协调设计中，最为突出的是建筑被动式气候设计和因地制宜的地方场所设计。此外，绿色环保方面的技术内容，也是关注的重点。

（四）系统性原则——整体考量建筑与环境的关系

绿色医院建筑设计应将医院建筑跟周围的环境看作一个整体，从系统的角度分析，如何实现建筑的绿色化。广义绿色医院建筑设计包含两个层面：

1.建筑所在区域和城市的层面

这一层面应全面了解城市的自然环境、地质特点及生态状况，完成重大项目建设环境报告的制定与审批，做到根据生态原则来规划土地的利用、开发与建设。同时，协调好城市内部结构与外部环境的关系，在城市总体规划的基础上，使土地的利用方式、功能配置与强度等与自然生态系统相适应，做好城市的综合防灾与综合减排，完善城市生态系统。

2.建筑单体的层面

这一层面的主要内容是处理建筑局部和整体、建筑与自然要素的关系，利用并强化自然要素，将绿色建筑理念落实到具体建筑设计实践中；从建筑布局、能源利用、材料选择等方面结合具体条件，选择适当的技术路线，创造宜人的生活环境。

四、绿色医院的设计策略

（一）可持续发展的总体策划

随着医疗体制的更新和医疗技术的不断进步、日趋完善，医院建设标准逐步提高，主要体现在床均面积扩大，新功能科室增多，医院功能、就医环境和工作环境改善等方面。

绿色医院的设计理念应体现在医院建筑设计、建设、管理的全过程。

1. 规模定位与发展策划

医院建筑的高效节约设计，首先要对医院进行合理的规模定位，合理确定医院的发展规划目标，有效地对建设用地进行控制，体现规划的系统性、滚动性与可持续发展，实现社会效益、经济效益与环境效益的统一。

（1）确定合理的医院规模

现代医院的规模随着人口增长越来越大，应根据就医环境合理确定。规模过大会造成医护人员、病患较多，管理、交通等方面易凸显问题；规模过小则易造成医疗设施不健全、医疗资源利用不足的矛盾。医院建设规模不能片面追求大规模和形式气派，需要综合考虑多方面因素，注重宏观规划与实践的结合，在综合分析的基础上做出合理的决策。

（2）提高医院设计标准：从"量"的扩大转变为"质"的提高

应关注以下环节。

①要对医院在未来整体医疗网络中的准确定位、投资决策、项目的分阶段控制完成等各方面关联因素做综合决策；规划方案的制订应具有一定的超前性，建筑设计人员应该与医院方权衡利弊，共同策划，根据经济效益确定不同的投资模式。②设计方案初期，医院管理人员和医疗工艺设备专业人员应密切配合、及早介入并积极沟通相关信息，如了解设备对空间的特殊技术要求及功能科室的特定运作模式等，尽量避免土建完工后的重新返工造成的极大浪费。

（3）合理医院建设的合理发展模式

应首先通过实际调查与科学决策来确定医院的整体规模并做统一规划；在一次性建设困难的情况下，应根据投资及实际情况做分期建设，但应实现全过程整体控制。

2. 功能布局与长期发展

随着医疗技术的不断进步、医疗设备的不断更新，现代医院的功能不断完善。绿色医院建筑应近远期相结合，具备较强的应变能力，不仅应满足当前单纯的疾病治疗空间和场所，也应充分预见远期发展变化趋势，以灵活的功能空间布局为不断变化的功能延续提供必要的物质基础。

3. 节约资源与降低能耗

纵观医院建筑绿色化的发展历程，经历了从分散到集中又到分散的演变，反映了其发展趋势是集中化与分散化交替发展、螺旋上升的发展模式。

（1）建筑形态整合集中化趋势

传统医院建筑典型的"工"字形、"王"字形的分立式布局，已经不能满足新时期医院发展的需要。为了节约土地，节省人力、物力、能源的消耗，现代医院建筑在规划布局上相应缩短了流线，医院建筑形态出现整合集中化的趋势，"大型网络式布局医院"及"高层医院"不断出现。其明显的特征就是便捷、高效、合理的集中化处理。集中式布局原则是国际标准的现代化医院的最基本的标志之一，集中化处理更加适合现代的医疗模式，便捷、高效地实现对病患的救治。

（2）人性、绿色、高质量的适度分散化处理

医院建筑的集中化布局带来诸多好处的同时，也由于过度集中带来了许多负面效应。过于集中成片的布置使许多房间缺乏自然采光与通风，不得不使用空调从而造成大量的能源浪费。现代医院提倡建筑布局的适度分散化处理，它不是简单回归到以前的单体分散布局及分区方式，而是结合现代医疗模式的变化发展，结合不同的特定医疗性质做分散功能设计，做到集约与分散的合理搭配，力求实现医院建筑的真正绿色化设计。

（3）降低医院建筑全寿命周期的能耗

绿色医院建设的节能、可持续设计思想应考虑降低建筑全寿命周期的能耗，具体方式有：①尽量保留并充分利用现有建筑场地周边的自然条件，如适宜的地形、地貌、植被和自然水系，尽可能减少对自然环境的负面影响及破坏；②尽量采用耐久性能及适应性强的材料，从而延长建筑物的整体使用寿命；③充分利用清洁、可再生的自然能源，例如太阳能、风能、水体资源、草地绿化等，降低环境污染，提高能源的利用效率，让建筑变成一个自给自足的绿色循环系统。

（4）医院建筑总体布局与被动式节能的关系

医院建筑中大量高能耗、高技术的诊断及医疗设备，及部分诊疗环境的特殊使用要求，如不同的净化要求，正、负压空调区域，早期采暖等，能耗很大。被动式节能设计策略成为设计师、医院建设方、医院使用者（包括医护人员、病患、病人家属等）共同关注的方向。

医院总体布局的建筑体形构成分为以下四种类型。

①"集中式（高层）"

可以实现高效节地，对受到基地面积严格控制的项目是唯一的选择，但因为体形系数最小，可以争取的自然采光、通风面积非常有限。除寒冷地区外，从节约能源的角度不推荐采用此类布局。

②"门诊医技（裙房）+病房楼（高层）"

这是中心城区比较常见的医院建筑总体布局方式，能在节地的同时为门诊、医技区争取较多的自然通风、采光空间，并对建立便捷的医疗交通流线提供可能。但随着医院建设规模的日益扩大，这一布局方式只能解决一部分空间的自然通风、采光问题。

③"门诊医技楼（多层）+独立病房楼（高层）"

这种布局方式适用于基地面积较为宽裕的项目，既能兼顾功能布局、医疗交通流线组织，也能为最多的空间争取较好的自然通风、采光，创造自然的室内舒适环境，降低建筑能耗。这种较分散的建筑布局形态在夏热冬暖地区较为适用。

④"门诊医技楼（多层）+独立病房楼（多层）"

此布局对基地面积要求较高，占地大，对医疗交通流线组织的便捷性不利。但其优点是最大限度地实现自然通风采光要求。

（二）生态化、人性化的环境设计

1.绿色医院绿色空间环境设计

（1）空间庭院化设计

绿色医院建筑应拥有良好的绿色空间环境，常运用庭院设计的理念和手法来营造。设计方法有采用室内盆栽、适地种植，中庭绿化，墙面、阳台及屋顶绿化等都能为病人提供赏心悦目、充满生机的景观环境。医院建筑环境的绿化、景观设计应根据建筑的使用功能、空间形态特点进行合理的配置达到视觉与使用均佳的效果。

①综合医院的入口广场

这是医院院区内的主要室外空间，人流量大且流线关系复杂。景观与绿化设计应简洁清晰，起到组织人流和划分区间的作用。广场中央可布置装饰性草坪、花坛、水池、喷泉、雕塑等，并结合彩色灯光的配合，增加夜景效果。广场周围环境的布置，注意乔木、灌木、季节性草花、色带等相结合，显示出植物的季节性特点，并充分体现尺度亲切、景色优美、视觉清新的医疗环境。

②住院部周围的场地绿化

住院部周围或相邻处应设有较大的庭院和绿化空间，为病患提供良好的康复休闲环境及优美的视觉景观。其场地绿化组成方式有规则式布局和自然式布局两种。第一，规则式布局。通常在绿地中心部分设置小广场，内部布置花坛、水池、喷泉等作为中心景观，并放置座椅、亭、架等休息设施。第二，自然式布局。充分利用原有地形，如山坡、水体等，自然流畅的道路穿插其间；园内的路旁、水边、坡地上配置少量的园林建筑及园林小品，如亭、廊、花架、主题雕塑等，重在衬托出环境的轻松和闲逸。

（2）室外场地绿化应做空间分区

医院的室外环境应有较明确的区分与界定以满足不同人群的使用，创造安全、高品质的空间环境。为了避免普通病人与传染病人的交叉感染，应设置为不同病人服务的绿化空间，并在绿地间设一定宽度的隔离带。隔离绿化带以常绿树及杀菌力强的树种为主，以充分发挥其杀菌、防护的作用，并在适当的区域设置为医护人员提供的休息空间和景观环境。

2.绿色医院建筑室内空间环境设计

室内空间绿色化是近年来医院设计的重要趋势之一。我国的医院建筑规模和人流量均较大，室内空间需要较大尺度和宽敞的公共空间。绿色医院建筑的内部景观环境设计既要注重空间形态的公共化，也应体现室内景观的自然化。

（1）空间形态的公共化

医疗技术的进步使医院建筑内部使用功能日趋复合化，医院建筑的空间形态越来越趋向体现公共建筑所特有的美感，如中庭和医院内街形态的引用是典型方法。

（2）室内景观的自然化

室内绿化的布置、阳光的引入满足了患者对自然、健康的环境要求。医院公共空间应创造良好的自然采光与通风，做好室内外环境空间的衔接与过渡，既提供优美的空间环境又改善室内环境质量，有效防止交叉感染。在较私密的治疗空间内更要注重阳光的引入和视线的引导，借助绿体设计增加空间的开阔感和变化，使室内有限的空间得以延伸和扩大，让患者尽量感受阳光帮助治疗与康复。也可以利用一些通透感强的建筑界面将室外局部景色透入室内，让室外的绿化环境延伸到室内空间。

3.构建人性化的医疗空间环境

新医学模式更关注人的心理需求，医院的运行理念从"医治疾病"转化为"医治患者"。病人对医疗环境的物质及精神的双重需求，要求医院空间环境进行人性化建筑设计。

（1）人性化空间的设计要求

人性化医疗空间一般会从建筑造型、平面布局、引导指示、空间尺度、色彩材质的运用、附属设施等几个方面来体现更多的人文关怀。

①空间符号体现人性化特征

绿色医院建筑设计应把情感关怀因素体现在建筑审美情感之中，运用建筑色彩、空间形态、造型等情感符号体现温馨、和谐、自然、安定的人性化情感特征，增加人们对医疗环境的认同感、融合感，促进病人的康复，也有利于医患之间的交流。

②医疗空间应细腻精致

绝大多数患者心理的脆弱和敏感带来生物的本能反应，即忧虑、急躁、无助等负面情绪。具有和谐、比例、均衡、节奏美感的医疗室内空间，给病人与建筑的直接对话与亲密接触提供了积极的场所，增加了病人对医疗建筑的认同。

③医疗空间家居化设计

病患在就医的过程会产生一定的心理焦虑和恐惧感，尤其是住院患者，严重影响医治效果。医疗空间应从人性化设计思想出发，从日常生活场所中汲取设计元素，并结合医院本身的功能特点引入家居化设计。通过"以人为本"的医疗空间家居化设计手段，可以淡化高技术医疗设备及医院氛围给人带来的冷漠与恐惧心理，给医院空间环境注入一些情感因素，体现人文关怀，最大限度地满足患者的生理、心理和社会行为的需求，使医院环境成为给人情绪安慰或让人精神振奋的空间。

（2）人性化空间的舒适度要求

人性化的医疗环境包括安全舒适的物理环境和美观安定的心理环境。首先，要在采光、通风、温湿度控制、洁净度保证、噪声控制、无障碍设计等方面综合运用先进的技术，满足不同使用功能空间的物理要求；其次，在空间形态、色彩、材质等方面引入现代的设计理念，创造丰富的空间环境，满足人的心理需求。

4. 医疗空间的色彩与光环境设计

（1）空间色彩设计

绿色医院设计除须考虑标志性以外，还应注意对颜色的视知觉给人带来的心理影响。①儿童观察室、儿童保健门诊：可以采用明亮欢快的色彩，配以色彩斑斓的卡通画，可装饰成儿童乐园等，对消除孩子的恐惧感具有积极的作用。②妇科、产科门诊：应采用温暖的色调，配以温馨的小装饰，让孕产妇消除紧张和恐惧感，感到平安、舒适与信任。

（2）光环境设计

良好的光环境，有利于展示建筑色彩的完美性，提供愉悦欢快的医院环境。冬暖夏凉、四季如春、动静相宜、分合随意，探视者和病患者共用的公共空间，是绿色医院建筑中富有特色的人性化空间。

（三）环保、防污设计

绿色医院设计的环保、防污设计主要包括空调系统、污水处理等方面。医院设计的环境工程设计应综合多种建筑技术，立足现行相关标准体系和技术设备水平防止污染和污染控制，即严格控制交叉感染、严防污染环境，建立严格、科学的卫生安全管理体系，为医院建筑提供安全可靠的使用环境。

1. 控制给排水系统污染

医院给排水系统是现代化医疗机构的重要设施。院区内给排水及消防应根据医院最终建成规模，规划好室内外生活、消防给水管网，污水、雨水管网应采用分流制。医院给水系统包括医院正常的使用水和饮用水供应，医院排水系统包括医院各部分的污水和废水排放。给水、排水各功能区域应自成体系、分路供水，避开毒物污染区。位于半污染区、污染区的管道宜暗装，严禁给水管道与大便器（槽）直接相连及以普通阀门控制冲洗。消防与给水系统应分设，因消防各区相连，如与给水合用，宜造成交叉污染。医护人员使用的洗手盆、洗脸盆、便器等均应采用非手动开关，最好使用感应开关。排水系统应根据具体情况分区自成体系，且应污水废水分流；空调凝结水应有组织排放，并用专门容器收集处理或排入污水区的卫生间地漏或洗手池中；污水必须经过消毒灭菌处理，达标排放。污水处理系统宜采用全封闭结构，对排放的气体应进行消毒和除臭。

2. 医疗垃圾污染处理

医院建筑污染垃圾应就地消毒后就地焚烧。垃圾焚烧炉为封闭式，应设在院内的下风向，在烟囱最大落地浓度范围内不应有居民。

3. 空调系统设计应采用生物洁净技术

采暖通风设计须考虑空气洁净度控制和医疗空间的正负压控制，规范规定负压病房应考虑正负压转换，且平时与应急时期相结合。负压隔离病房、手术室、ICU采用全新风直流式空调系统，应考虑在没有空气传播病菌时期有回风的可能性，以节省医院的运转费用。生物洁净室的设计最关键问题是选择合理的净化方式。常用的净化气流组织方式分为层流式和乱流式两大类。层流洁净式较乱流洁净式造价高，平时运行费用较大，选用时应慎重考虑。层流洁净式又分为水平层流和垂直层流，在使用上水平层流多于垂直层流，其优点是造价较经济，易于改建。

第八章 既有建筑的绿色生态改造设计

既有建筑相比新建筑，其节能改造节能潜力更大，取得效果更快，因此从既有建筑入手是启动绿色建筑之路的方向。既有建筑的高耗能现状，使之成为建筑行业节能改造的重头戏，而政府的政策支持、业主的观念转变以及先进的节能创新技术等，共同打造了建筑绿色转变的生态链。以节能照明技术为代表的创新科技，将在绿色建筑的推广中成为建筑绿色升级的重要支点，启动城市发展的绿色未来。本章将对既有建筑的绿色生态改造设计进行详细叙述。

第一节 既有建筑室外物理环境控制与改善

一、室外风环境的控制与改善

室外环境中风的状况直接影响着人们的生活，而风环境的状况不仅仅与当地气候和既有建筑密度有关，还与建筑物的地形、建筑形态、建筑物布局、建筑朝向、植被及相邻建筑形态等因素有关。如果在既有建筑改造设计的初期就对建筑物周围风环境进行分析，并对规划设计方案进行优化，将有效地改善建筑物周围的风环境，创造舒适的室外活动空间。

大量的既有建筑物在设计时没有考虑室外风环境状况。但是，对于既有建筑物来说，其地形、建筑物布局、建筑朝向、建筑间距、建筑形态及相邻的建筑形态等均已固定，一般都很难加以改变，主要可以通过种植灌木、乔木、人造地势或设置构筑物等设置风障，可分散风力或按照期望的方向分流风力、降低风速，合适的树木高度和排列可以疏导地面通风气流，如在不是很高的既有建筑单体和既有建筑群的北侧栽植高大的常绿树木，可以阻挡控制冬季强风。

二、室外热环境的控制与改善

热环境是指由太阳辐射、气温、周围物体表面温度、相对湿度与气流速度等物理因素组成的作用于人、影响人的冷热感和身体健康的环境。室外热环境是指作用在外围护结构上的一切热物理量的总称，是由太阳辐射、大气温度、空气湿度、风、降水等因素综合组成的一种热环境。建筑物所在地的室外热环境通过外围护结构将直接影响室内环境，为使所设计的建筑能创造良好的室内热环境，必须了解当地室外热环境的变化规律及特征，以此作为建筑热工设计的依据。

微气候的调节和室外热环境的改善有助于提高室外人体的舒适性，对于居住区域，也有助于降低热岛效应，改善室外环境。建筑周围绿地植被、地面材料、环境景观等对室外热环境有较大的影响。既有建筑和既有居住区一般人口密度较大，人均占有绿地率比较低。对于既有建筑，可因地制宜，通过增加绿地植被、设置景观水体、更换地面材料等措施来改善建筑物的室外环境。

（一）增加绿地植被

城市绿化是城市建设的一个重要组成部分，作为改善城市热环境最经济、最有效的手段之一，绿化对室外热环境的作用，表现在改善区域微气候、缓解城市热岛效应、平衡城市生态系统和提高城市居民生活环境质量等多个方面。

合适的绿化植物可以提供较好的遮阳效果，如落叶乔木、茂盛的枝叶可以阻挡夏季阳光，降低微环境的温度，并且冬季阳光又会透过稀疏的枝条射入室内。墙壁的垂直绿化和屋顶绿化可以有效阻隔室外的热辐射，增加室外的绿化面积，可以有效改善室外热环境。

（二）设置景观水体

城市中的景观水体，是城市景观的重要组成部分，不仅可以增加城市景观的异质性，而且还可以起到改善城市微环境的作用。在进行景观水体设计时，可借鉴景观生态规划与设计原则，从以下几方面考虑：①整体优化原则，景观水体是一系列生态系统组成的，具有一定结构与功能的整体；②多样性原则，景观多样性是描述生态镶嵌式结构的拼块的复杂性、多样性；③景观个性原则，每个景观都具有与其他景观不同的个性特征；④遗留地保护原则，即保护自然遗留地内的有价值的水体和景观植物；⑤综合性原则，景观是自然与文化生活系统的载体，景观生态规划需要运用多学科知识，满足人类各方面的需求。

（三）更换地面材料

室外地面材料的应用对室外热环境有很大的影响，不同的材料热容性相差很多，在吸收同样的热量下升高的温度也不相同。增加透水地面能够使雨水迅速渗入地表，有效地补充地下水，缓解城市热岛效应，保护城市自然水系不受破坏，具有很强的环保价值。同时，它解决了普通路面容易积水的问题，提高行走的安全性和舒适性，对于改善人居环境也具有重要意义。透水地面包括自然裸露地面、公共绿地、绿化地面和镂空面积不小于40%的镂空铺地等。可采用室外铺设绿化、透水地砖等透水性铺装，用于改造既有传统不透水地面铺装。

三、室外光环境的控制与改善

光环境是物理环境中一个组成部分，它和湿环境、热环境、视觉环境等并列。对建筑物来说，光环境是由光照射与其内外空间所形成的环境，因此光环境形成一个系统，包括室外光环境和室内光环境。室外光环境是在室外空间由光照射而形成的环境，其功能是要满足物理、生理（视觉）、心理、美学、社会（指建筑节能、绿色照明）等方面的要求。室内光环境是室内空间由光照射而形成的环境，其功能是要满足物理、生理、心理、人体功效学及美学等方面的要求。

在既有建筑改造中，应根据建筑的实际情况，采取合理的技术措施，选择合适的外墙饰面材料，避免出现眩光污染，改善建筑室外的光环境，营造良好的室外光环境。尽管玻璃幕墙建筑可能会出现光污染等危害，但并不是说玻璃幕墙就不要做了，而是该怎样做好的问题。许多产生光污染的玻璃幕墙是由不科学的设计和施工造成的。目前，有关幕墙的工程技术规范已经发行，设计、施工皆有法可依。根据工程实践经验，既有建筑光环境控制与改善可采取如下措施：

（一）合理限制玻璃幕墙的使用

玻璃幕墙过于集中，是玻璃幕墙产生光污染的主要原因之一，因此，应从环境、气候、功能和规划要求出发，合理限制玻璃幕墙的使用，避免玻璃幕墙的无序分布和高度集中。对玻璃幕墙的使用应采取如下限制和技术措施：①城市干道两侧和居住区及居民集中活动区，学校周围不应采用玻璃幕墙，防止反射光进入室内；②限制玻璃幕墙安装位置，沿街首层外墙不宜采用玻璃幕墙，大片玻璃幕墙可采用隔断、直条、中间加分隔的方式，对玻璃幕墙进行水平或垂直分隔，避免采用曲面幕墙，减少外凸式幕墙对临街道路的光反射现象和内凹式幕墙由于反射光聚焦引起的火灾。

（二）开发新型玻璃材料

玻璃幕墙作为建筑围护结构是由金属框和玻璃组成的。因此，要根据玻璃的一些参数慎重地选择玻璃幕墙所使用的玻璃类型，选用具有减少炫光性能的玻璃。这些参数包括建造地点的光气候参数，对可见光的透射数、反射系数，对日光的透射系数、反射系数和吸收系数、热透射系数、热膨胀系数，以及厚度、最大尺寸、重量、抗风力等。用于玻璃幕墙的玻璃，一般有透明玻璃、着色玻璃、吸热玻璃、涂膜玻璃、镀膜玻璃、夹层玻璃和光化学玻璃等。

（三）加强规划控制管理

城市建筑群的布局欠妥，特别是玻璃幕墙过于集中，反映了城市规划缺乏管理。城市规划管理部门要从宏观上对使用玻璃幕墙进行控制，要从环境、气候、功能和规划要求出发，实施总量控制和管理。

（四）合理选择幕墙的材质

幕墙材料选择是幕墙工程中极为重要的一环。它不仅决定整个工程的总造价，而且关系到整个工程的档次、使用寿命、外观效果。合理地使用材料至关重要，好的材料堆砌在一起并不一定能产生好的效果，只有巧妙地、合理地发挥各种材料的特性才能产生极佳的效益。

采用玻璃幕墙的建筑，外观的效果非常重要。玻璃幕墙的选型是建筑设计的重要内容，设计者不仅要考虑立面的新颖、美观，而且要考虑建筑的使用功能、造价、环境、能耗、施工条件等诸多因素。在不降低材料品质的前提下，尽量采用国产优质产品。

（五）加强绿化

对玻璃幕墙光环境的控制与改善，可采用在路边或玻璃幕墙周围种植高大树冠的树木，将平面绿化改为立体绿化，以种植的树木遮挡反射光照射，可有效地防止玻璃幕墙引起的有害反射，从而改善和调节采光环境。同时，尽量减少地面的硬质覆盖（如混凝土路面、砖石路面等），加大绿化的面积。

四、室外声环境的控制与改善

在城市各种噪声干扰中，交通噪声居于首位，其危害最大，数量最多。城市化高速发展中城市干道与车流量大幅度增长，有很大一部分是临街甚至临近城市干道的建筑，外部的车流量大，噪声污染严重，噪声级常常在 70 dB（A）以上，在这种环境中会干扰人之间的谈话，造成心烦意乱，精神不集中，影响工作效率，甚至发生事故。

城市噪声对高层建筑的影响，绝大多数的人普遍认为楼层越高，噪声值会越低，噪声污染越轻。在城市的实际环境中，尤其在市中心高层建筑密集区，城市环境噪声由于密集布局建筑物的阻挡，同时各高层建筑之间硬质外装饰材料对声音的来回反射，难以衰减。城市平面形成一个较为稳定的面声源，严重影响和污染了城市较高空间区域的声环境质量。

高层建筑在各个城市蓬勃发展的同时，随着科学技术的飞跃发展和人们对提高生活质量的不断追求，人们越来越重视建筑声环境的设计和建设。

（一）绿化隔声带

在既有建筑的适宜位置，采用种植灌木丛或者多层森林带构成茂密的绿化带，能起到有效的隔声作用，在主要声频段内能达到平均降噪量 0.15 ～ 0.18 dB（A）/m 的效果。一般第一个 30 m 宽稠密风景林衰减 5 dB（A），第二个 30 m 也可衰减 5 dB（A），取值的大小与树种、林带结构和密度等因素有关。不过最大衰减量一般不超过 10 dB（A）。虽然绿化隔声带的隔声有限，但结合城市干道的绿化设置对临近城市干道的建筑降噪还是有一定帮助的。

（二）设置声屏障

在声源和接收者之间插入一个设施，使声波传播有一个显著的附加衰减，从而减弱接收者所在的一定区域内的噪声影响，这样的设施就称为声屏障。声波在传播过程中，遇到声屏障时就会发生反射、透射和绕射三种现象。通常我们认为，屏障能够阻止直达声的传播，并使透射声有足够的衰减，而透射声的影响可以忽略不计。因此，声屏障的隔声效果一般可采用减噪量表示，它反映了声屏障上述两种屏蔽透声的本领。

根据声屏障的应用环境不同，声屏障可分为交通隔声屏障、设备噪声衰减隔声屏障、工业厂房隔声屏障、城市景观声屏障、居民区降噪声屏障等。按照声屏障所用材料不同，声屏障可分为金属声屏障（如金属百叶、金属筛网孔）、混凝土声屏障（如轻质混凝土、高强混凝土）、PC 声屏障、玻璃钢声屏障等。

第二节　既有建筑围护结构节能综合改造

一、围护结构节能改造的一般规定

一般规定有：第一，在改造中不应该破坏原有的结构体系并尽量减少墙体和屋面增重的荷载，尽量不损坏除门窗以外的室内装修装饰，不影响围护结构隔热、防水等其他物理性能，在不影响建筑使用功能的基础上适当考虑外立面的装饰效果；第二，在对围护结构进行改造前应进行勘查，勘查时应具备的资料包括房屋地形图及设计图纸、房屋装修改造资料、历年修缮资料等其他必要的资料；第三，在进行围护结构节能改造设计时，应从下列两项中选取一项作为控制指标，即《严寒和寒冷地区居住建筑节能设计标准》（JGJ 26-2010）中规定的不同地区采暖居住建筑各部分围护结构的传热系数限值，或者通过围护结构单位建筑面积的耗热量指标限值。

二、既有建筑外墙节能改造

利用新技术对原建筑外墙进行高水平的保温隔热，是既有建筑节能改造的主要措施。外墙外保温系统所具备的保温隔热功能是建筑节能的关键技术，这种技术可以有效解决既有建筑冬夏两季室内外温差而造成的能源损失问题。它代表了我国节能保温技术的发展方向。作为主要承重用的单一材料墙体，往往难以同时满足较高的绝热（保温、隔热）要求，因而在节能的前提下，复合墙体越来越成为当代墙体的主流。复合墙一般用砖或钢筋混凝土做承重墙，并与绝热材料复合，或者用钢或钢筋混凝土框架结构，用薄壁材料中间夹绝热材料做墙体。

（一）采用建筑外墙保温装饰板的节能改造

外墙保温装饰板是将保温板、增强板、表面装饰材料、锚固结构件，以一定的方式在工厂按一定模数生产出成品的集保温、装饰一体的复合板。外墙保温装饰板是一种工业化生产的大幅面挂式墙板，它不仅外墙保温功能与外墙装饰功能于一体，而且在现场采用干法安装在建筑物外墙的表面。

保温装饰板中的保温层可由挤塑聚苯乙烯泡沫板（XPS）、可发性聚苯乙烯板（EPS）、聚氨酯板（PU）、酚醛发泡板、轻质无机保温板中的一种构成。面层可由无机板材或金属板材构成，面层板材与保温材料采用高性能的环氧结构胶黏结。表面装饰材料可由装饰性、耐候性、耐腐蚀性、耐玷污性优良的氟碳色漆、氟碳金属漆、仿石漆等中的一种构成，可达到铝塑板幕墙的外观效果，或直接采用铝塑板、铝板作为装饰面板。

保温装饰板外将常规外墙保温装饰系统的工地现场作业变为工厂化流水线作业，从而使系统质量更加稳定和可靠，施工更加方便快捷。粘贴加上侧边机械锚固，使安装固定安全、可靠。外饰面采用氟碳色漆、氟碳金属漆、仿石漆，可以使其达到幕墙的装饰效果，成为独具特色的"保温幕墙"。

（二）采用高耐久性发泡陶瓷保温板的节能改造

发泡陶瓷保温板是采用陶瓷工业废物——废陶瓷和陶土尾矿，配以适量的发泡添加剂，经湿法粉碎、干燥造粒，颗粒粉料直接进入窑炉进行烧制，在1150～1250℃的高温下熔融自然发泡，形成均匀分布的密闭气孔的具有三维空间网架蜂窝结构的高气孔率的无机多孔陶瓷体。这种保温板具有孔隙率大、隔热保温、质量较轻、强度较高、不变形收缩、可加工性好、不吸水、不燃烧、高耐久性、与水泥制品高度相容等优点。发泡陶瓷保温板是以其整体均匀分布的闭口气孔发挥隔热保温功能，防火等级为 A1 级。

发泡陶瓷保温板外墙外保温技术，主要适合我国夏热冬冷、夏热冬暖地区新建建筑外墙保温和既有建筑节能改造。发泡陶瓷保温板外墙外保温系统具有如下优点：①保温板的各组成材料均为无机材料，耐高温、不燃、防火；②耐久性较好，不老化；③能与水泥砂浆、混凝土等材料很好地黏结，采用普通水下砂浆就能很好地黏结、抹面，无须采用聚合物黏结砂浆、抹面砂浆、增强网，施工工序少，系统抗裂、防渗，质量通病少；④吸水率极低，与水泥砂浆、饰面砖黏结牢固，外贴饰面砖系统安全、可靠；⑤与建筑物同寿命，全寿命周期内不需要再增加费用进行维修、改造，最大限度地节约资源和费用，综合成本低；⑥施工工序少，施工便捷。

（三）采用高性能建筑反射隔热涂料的节能改造

建筑反射隔热涂料又称太阳热反射隔热涂料，是集反射、辐射与空心微珠隔热于一体的新型降温隔热涂料。这种涂料是在特种涂料树脂中填充具有强力热反射性能的填充料，从而形成具有热反射能力的功能性涂料。建筑反射隔热涂料热反射率高，又能自动进行热量辐射散热降温，把物体表面的热量辐射到空中去，降低物体的温度，同时，在漆中放入导热系数极低的空心微珠隔绝热能的传递，三大功效保证了涂刷漆的物体降温，确保了物体内部空间能保持持久恒温的状态。建筑反射隔热涂料通过对红外线和可见光高度反射及有效发射远红外散热的方式，抑制材料表层吸收日照能量造成的温度上升而达到隔热目的。

（四）外墙节能改造采取有效的防火措施

在外墙外保温系统中，大部分采用挤塑聚苯乙烯泡沫板（XPS）、可发性聚苯乙烯板（EPS）、聚氨酯（PU）等作为保温材料，这些保温材料大部分为 B2 级材料，防火性能比较差。近年来，由外墙外保温引发的火灾时有发生，外保温的防火安全问题已经成为业内关注的焦点。在进行外墙节能改造时也应采取有效的防火措施，一般可采用 A 级保温材料做外墙保温系统或设置防火隔离带。

三、既有建筑门窗节能改造

由于在建筑外围护结构中，门窗存在着保温隔热能力弱、门窗缝隙中冷风渗透等问题，这是建筑外门窗耗能较大、造成能源浪费的主要问题。因此，既有建筑门窗的改造是既有建筑节能改造的重点之一。既有建筑外门窗节能改造的方法主要有以下几种：

（一）改善窗户保温效果

增加窗玻璃层数，在内外层玻璃之间形成密闭的空气层，可大大改善窗户的保温效能。双层窗的传热系数比单层窗降低将近 1/2，三层窗传热系数比双层窗又降低近 1/3。窗上加贴透明聚酯膜，节能效果也比较明显。密封中空双层玻璃构件由于密封空间内装有一定量的干燥剂，在寒冷冬季时，空气内的玻璃表面温度虽然较低，但仍然可不低于其中干燥空气的露点。这样就避免了玻璃表面结霜，并保证了窗户的洁净和透明度。因其中是密闭、静止的空气层，使热工性能处于较佳而又稳定的状态。

（二）减少冷风渗透

我国多数门窗，特别是钢窗的气密性太差，在风压和热压的作用下，冬季室外冷空气通过门窗、缝隙进入室内增加供暖能耗。除提高门窗制作质量外，加设密闭条是提高门窗气密性的重要手段。密闭条应弹性良好，镶嵌牢固严密、经久耐用、价格适中，并要根据门窗具体情况分别采用不同的门窗密闭条。

（三）更换节能门窗

既有建筑外窗大部分都是不节能的单层玻璃窗，目前，在门窗节能改造中，对外窗的改造大多是采用全部更换的方法，特别是对于使用年代长久、维护较差的外窗，其变形严重、气密性差、外观陈旧，利用价值已经很小，一般可采用彻底更换。可替代的节能窗有中空玻璃塑料窗、中空玻璃断热铝合金窗、Low-E 中空玻璃塑料窗、Low-E 中空玻璃断热铝合金窗等，这些节能窗的技术已经比较成熟，并大量用于工程中。

（四）更换节能玻璃

如果门窗主体结构还很好，可在原有单层玻璃塑料窗上将单层玻璃改为中空玻璃、放置密封条等，这样可使外窗传热系数大大降低，气密性得到改善。如一般的单层玻璃窗可以改造成为 5+9A+5 的中空玻璃窗，单层玻璃窗改造适合于单层玻璃钢窗、铝合金窗和塑料窗，要求既有外窗的窗框有足够的厚度，以便能布置中空玻璃。

这种改造保留了原来外窗的利用价值，延长了窗的使用寿命，节约改造资金，实现环保节能。在改造中不动原来的结构、不用敲墙打洞、不产生建筑垃圾，施工方便，工期较短，基本上不影响建筑物的正常使用。可以将中空玻璃在工厂制作好，运至现场直接进行安装，采用流水施工的方法。

（五）对型材进行改造

单层玻璃钢窗或单层铝合金窗，也可以改造成为中空玻璃窗，但由于钢型材或铝合金型材均是热的良导体，仅对玻璃进行更换改造，保温性能往往不一定满足节能的要求。如5+9A+5 的中空玻璃钢窗或铝合金窗的传热系数在 3.9W/（m² · K）左右，因此，对钢型材或铝合金型材也应进行改造。改造措施为对钢型材或铝合金型材进行包塑处理，即给金属窗框包上一层传热性不好的塑料。通过型材改造、单层玻璃改为中空玻璃、放置双道密封条等措施，窗的传热系数大大降低，气密性大幅度提高，能够满足门窗节能的要求。

（六）采用玻璃贴膜

贴在玻璃表面的薄膜，能起到隔热、保温、阻紫、防眩光、装饰、保护隐私、安全防爆等作用。玻璃贴膜夏季可以阻挡 45% ～ 85% 的太阳直射热量进入室内，冬季可以减少30% 以上热量散失；当玻璃破碎时，碎片能够紧紧粘贴在玻璃贴膜表面，保持原来形状，不飞溅，不变形；同时玻璃贴膜能够耐受高达 500 ℃以上的高温，能够有效防止火灾的引起，避免对人体的伤害，质量较好的玻璃贴膜可以阻挡眩光和 99% 的紫外线。

四、既有建筑屋面节能改造

既有建筑屋面节能改造措施主要有：倒置式保温屋面、喷涂聚氨酯保温屋面、平屋面改为坡屋面和屋顶绿化等方法。

（一）倒置式保温屋面节能改造

倒置式保温屋面的保温层及其保护层常见做法有如下几种类型：

1. 将发泡聚苯乙烯水泥隔热砖用水泥砂浆直接粘贴于防水层上

优点是构造简单，造价低；缺点是使用过程中会有自然损坏，维修时需要凿开，且易损坏防水层。发泡聚苯乙烯虽然密度、导热系数和吸水率均较小，且价格便宜，但使用寿命相对有限，不能与建筑物寿命同步。

2. 采用挤塑聚苯乙烯保温隔热板（以下简称保温板）直接铺设于防水层上

再往上做配筋细石混凝土，如需美观，还可再做水泥砂浆粉光、粘贴缸砖或广场砖等。这种做法适用于上人屋面，经久耐用，缺点是不便维修。

3. 采用保温板直接铺设于防水层

再敷设纤维织物一层，上铺卵石或天然石块或预制混凝土块。优点是施工简便，经久耐用，方便维修。

（二）聚氨酯硬泡体保温屋面节能改造

聚氨酯硬泡体是目前所有保温材料中热导率最低的。该材料的泡孔结构由无数个微小的闭孔所组成，这些微孔互不相通，因此，该材料在理论上不吸水、不透水，带表皮的喷涂聚氨酯硬泡体保温材料的吸水率为零。这种既保温又防水的材料，应用在屋顶和墙体上，可代替传统的防水层和保温层，具有一材双用之功效。而且该材料的热工性能好，还具有耐老化、化学稳定性好、耐温不熔化、与建筑物基面黏结性能好等优点。

喷涂聚氨酯硬泡体是指现场使用专用的喷涂设备，使异氰酸酯、多元醇（组合聚醚或聚酯）、发泡剂等添加剂，按一定比例从喷枪口喷出后瞬间均匀混合，反应之后迅速发泡，在外墙基层上或屋面上发泡形成连续无接缝的聚氨酯硬质泡沫体。喷涂聚氨酯硬泡体屋面由于其综合了保温隔热、防水、轻质、抗侵蚀、耐老化、施工方便、力学性能好、工序较少、工期较短等特点，既适用于墙体，又适用于屋面，因而具有越来越明显的市场优势。

（三）"平改坡"屋面的节能改造

在建筑结构许可条件下，将现有低层或多层平顶楼房改建成坡形屋面，并对外立面进行修整，达到改善住宅性能和建筑物外观视觉效果的房屋修缮行为即"平改坡"。坡顶一般采用双坡、四坡等不同形式，在视线上考虑平视、俯视、仰视不同的视觉效果；一般高度在 2 ~ 3m 之间，当坡形屋面角度低于 32° 时，不影响周围的日照时间和面积。

实施"平改坡"的既有建筑不仅解决屋顶漏水问题，造型比较美观，而且节能效果显著，与平屋顶相比，室内温度冬天提高了约 3 ~ 4 ℃，夏天降低了约 4 ~ 5 ℃。夏季空调的费用和冬季采暖的费用都降低了很多。更为重要的是，夏季可实现自然通风和自然采光，室内空气始终新鲜、舒适。

五、既有建筑楼板节能改造

既有建筑需要节能的楼板主要包括与室外空气直接接触的外挑楼板、架空楼板、地下室顶板等。我国的大部分既有建筑的外挑楼板、架空楼板、地下室顶板一般都无保温措施，在进行既有建筑楼板节能改造设计时，应注意以下几个方面：

1. 楼地面的节能技术，可根据底面是不是接触室外空气的层间楼板与底面接触室外空气的架空或外挑楼板和底层地面，采用不同的节能技术。保温系统组成材料的防火及卫生指标应符合现行相关标准的规定。

2. 层间楼板可采取保温层直接设置在楼板上表面或楼板底面,也可采取铺设木格栅(空铺)或无木格栅的实铺木地板。

3. 在楼板上面的保温层，宜采用硬质挤塑聚苯板、泡沫玻璃保温板等板材或强度符合地面要求的保温砂浆等材料，其厚度应满足建筑节能设计标准的要求。

4. 在楼板底面的保温层，宜采用强度较高的保温砂浆抹灰，其厚度应满足建筑节能设计标准的要求。

5. 铺设木格栅的空铺木地板，宜在木格栅间嵌填板状保温材料，使楼板层的保温和隔声性能更好。

保温砂浆楼板板底保温施工便捷，工程造价较低，但这种保温材料的热导率比较高，一般为 0.06 ~ 0.08 W/（m•K），对于保温性能要求较高的楼板，很难达到其要求。粘贴泡沫塑料保温板保温的做法，技术成熟、适用性好、应用范围广，但存在耐久性差、防火性能不良、易产生脱落等缺点。板底现场喷涂聚氨酯硬泡体保温是一种较好的做法，聚氨酯具有优良的隔热保温性能，集保温与防水于一体，质量比较轻、黏结强度大、抗裂性能好，在着火的环境下炭化，火焰传播速度相对比较慢。

六、既有建筑外遮阳节能

外遮阳按照系统可调性能不同，可分为固定式遮阳、活动式遮阳两种。固定式遮阳系统一般是作为结构构件或与结构构件固定连接形式，包括水平遮阳、垂直遮阳和综合遮阳，该类遮阳系统应与建筑一体化，既达到遮阳效果又美观，所以用在新建建筑较为方便。活动式遮阳系统包括可调节遮阳系统和可收缩遮阳系统两大类，但有时可调节遮阳系统也具有可收缩遮阳系统的功能。活动外遮阳可根据室内外环境控制要求自由调节，安装方便，装拆简单。夏天可根据需要启用外遮阳装置，遮挡太阳辐射热，降低空调的负荷，改善室内的热环境和光环境；冬天可收起外遮阳，让阳光与热辐射透过窗户进入室内，减少室内的采暖负荷并保证采光。

既有建筑利用外遮阳的节能改造，宜采用活动外遮阳。常见的活动外遮阳系统有活动式百叶帘外遮阳、外遮阳卷帘、遮阳篷等。活动式百叶帘外遮阳可通过百叶窗角度调整控制入射光线，还能根据需求调节入室光线，同时减少阳光照射产生的热量进入室内，有助于保持室内通风良好、光照均匀，提高建筑物的室内舒适度，可丰富现代建筑的立面造型。

（一）增加活动外遮阳

增加活动外遮阳主要是指活动式百叶外遮阳（简称遮阳百叶）。遮阳百叶一般安装在窗户外侧，主要适用于对隔热和防护要求较高的场合，达到遮阳的目的，在冬季还对窗户起到防护作用，避免寒风侵袭；另外，质地坚固的百叶窗还可替代防盗网。

铝合金外遮阳百叶帘具有高耐候性，能长期抵抗室外恶劣气候，经久耐用，外形美观。这种遮阳百叶可在工厂中制作好，在建筑节能改造现场直接安装，并可以采用流水作业，不影响建筑的正常使用，也不影响正常的生活和工作。

铝合金外遮阳百叶帘系统由铝合金罩盒、铝合金顶轨、铝合金帘片、铝合金轨道、驱动系统（电动和手动）等组成，一般在节能改造中不宜嵌装，宜采用明装方式安装。为了加强百叶帘的抗风能力，叶片两端采用钢丝绳导向装置支承。安装时在窗外墙面上用膨胀螺栓固定百叶帘悬吊架，再将百叶帘安装在悬吊架的内侧。将导向钢丝绳的上端固定在传动槽上，悬吊架及传动槽外侧安装彩色铝合金上部罩壳。窗下沿着墙面设置下支架，作为钢丝绳下端的固定点，下支架外侧安装彩色铝合金下部罩壳。上、下部罩壳既可隐蔽传动槽，又可作为建筑物外立面的装饰线条。

（二）用垂直绿化遮阳

垂直绿化是相对于地面绿化而言的，它利用檐、墙、杆、栏等栽植藤本植物、攀缘植物和垂吊植物，达到防护、绿化和美化的效果。建筑垂直绿化是垂直绿化的一种，指在建筑物外表面及室内垂直方向上进行的绿化。垂直绿化可以减缓墙体、屋内直接遭受自然的风化等作用，延长维护结构的使用寿命，改善维护结构保温隔热性能，节约能源。

建筑垂直绿化夏天能充分利用植被在建筑物表面形成遮挡，有效地降低建筑物的夏季辐射得热；冬天植物叶落后，不再遮挡太阳光，不影响建筑获得太阳辐射热，是一种有效的被动式节能手段。建筑垂直绿化主要包括墙体绿化、屋顶绿化、阳台绿化、室内绿化及其他等多种形式。

建筑垂直绿化可减少阳光直接照射，降低室内的温度。绿色植物在夏季能起到降温增湿、调节微气候的作用。城市的墙面反射甚为强烈，进行墙面垂直绿化，墙面的温度可降低 2 ~ 7℃，室内的温度则会降低更多，特别是朝西的墙面绿化覆盖后降温效果更为显著。同时，墙面、棚面绿化覆盖后，空气的湿度还可以提高 10% ~ 20%，这在炎热夏天大大有利于人们消除疲劳，增加室内外环境的舒适感。

第三节 既有建筑室内物理环境控制与改善

一、室内空气环境控制与改善

（一）控制污染源

控制污染源就是在污染源调查的基础上，运用技术的、经济的、法律的以及其他管理手段和措施，对污染源进行监督，控制污染物的排放量，以改善环境质量。污染源控制的主要措施为：制定排污标准、控制污染物排放。

1. 制定排污标准

根据环境标准的要求，考虑到技术上可能和经济上合理，结合地区的环境特征，制定各种排放标准和指标，如污染物排放标准（或容许排放量）、单个设备排污控制指标、单位产量（或产值）排污控制指标、单位产量（或产值）用水量指标、燃料消耗指标、原材料消耗指标，等等。这些标准和指标一经国家有关部门批准公布，即成为污染源控制的法律依据。

2. 控制污染物排放

按照有关标准，控制污染源的排污量是改善环境质量的重要措施。通过调查确定污染源后加以监督，发现排放污染物超过标准的污染源，即对责任者实行经济制裁或法律制裁，以促使排污责任者削减排污量。另外，对于室内产生少量污染物的污染源，可采用局部排风的方法排出室外，如厨房烹饪可采用抽油烟机解决，厕所的异味可通过排气扇解决。

（二）空气净化

空气净化是采用各种物理或化学方法（如过滤、吸附、吸收、氧化还原等），将空气中的有害物清除或分解掉。空气净化是指对室内空气污染进行整治，通过空气净化可以提高室内空气质量，改善居住、办公条件，增进身心健康。目前的空气净化方法主要有空气过滤、吸附方法、紫外灯杀菌、静电吸附、纳米材料光催化、等离子放电催化、臭氧消毒灭菌、利用植物净化空气等。

1. 空气过滤

空气过滤是最常用的空气净化手段之一，其主要功能是净化处理空气中的颗粒污染物。

2. 吸附方法

吸附方法对于室内 VOCs 和其他污染物是一种比较有效而简单的消除技术，目前比较常用的吸附剂是活性炭物理吸附。活性炭包括粒状活性炭和活性炭纤维。与粒状活性炭相比，活性炭纤维吸附容量大，吸附或脱附速度快，再生容易，不易粉化，不会造成粉尘二次污染。对无机气体和有机气体都有很强的吸附能力。

3. 紫外灯杀菌

紫外灯杀菌是常用的空气中杀菌方法，在医院中已广泛应用。紫外光谱分为 UVA（320 ~ 400 nm）、UVB（280 ~ 320 nm）和 UVC（100 ~ 280 nm），波长短的 UVC 杀菌能力较强。185nm 以下的辐射会产生臭氧。一般可将紫外灯安置在房间上部，不直接照射人。空气受热源加热向上运动，缓慢进入紫外辐照区，受辐照后的空气再下降到房间的人员活动区，在这一过程中，细菌和病毒不断被降低活性，直至被灭杀。

4. 臭氧消毒灭菌

臭氧消毒灭菌这种方法主要是利用交变高压电场，使得含氧气体产生电晕放电，电晕中的自由高能电子能够使得氧气转变为臭氧，但这种方法只能得到含有臭氧的混合气体，不能得到纯净的臭氧。由于其相对能耗较低，单机臭氧产量最大，因此目前被广泛应用。

5. 光催化技术

光催化技术是近年来发展起来的空气净化方法。光催化技术是一种利用新型的复合纳米高科技功能材料的技术。光催化的原理是：光催化剂纳米粒子在一定波长的光线照射下受激生成电子——空穴对，空穴分解催化剂表面吸附的水产生氢氧自由基，电子使其周围的氧还原成活性离子氧，从而具备极强的氧化 - 还原作用，将光催化剂表面的各种污染物摧毁。

二、室内热环境控制与改善

室内热环境是指影响人体冷热感觉的环境因素。这些因素主要包括室内空气温度、空气湿度、气流速度以及人体与周围环境之间的辐射换热。适宜的室内热环境是指室内空气温度、湿度、气流速度以及环境热辐射适当，使人体易于保持热平衡从而感到舒适的室内环境条件。室内环境对人体的影响主要表现于冷热感觉，冷热感觉取决于人体新陈代谢产生的热量和人体向周围环境散发的热量之间的平衡关系。

建筑内部的通风条件是决定人们健康、舒畅的重要因素之一。它通过空气更新和气流的生理作用对人体的生物感受起到直接的影响作用，并通过对室内气温、湿度及内表面温度的影响而起到间接的影响作用。通过近年来的工程实践，对于既有建筑室内热环境的改善，其措施主要包括围护结构的改造和设备系统的改造，主要通过改善围护结构的隔热保温性能、提高设备系统的利用效率等得以实现。

改善自然通风的措施主要有合理设置和开启门窗、合理设置天井和开启天窗等，一般可结合围护结构的改造进行。门窗的合理设置和开启，能有效利用风压在建筑室内产生空气流动，从而形成通畅的穿堂风。合理设置天井或中庭、开启天窗，能利用热压形成"烟囱效应"，就是利用热空气上升的原理，在建筑上部设排风口可将污浊的热空气从室内排出，而室外新鲜的冷空气则从建筑底部被吸入，从而形成自然通风。既有建筑主要靠门窗的合理设置和开启改善自然通风，在进行门窗改造时应尽量增加外窗的可开启面积，使可开启面积不小于外窗面积的 30%。

三、室内声环境控制与改善

大量调查资料表明，对日常的起居生活室内噪声水平理想值应不大于 40 dB（A），若超过 55 dB（A）就会普遍地引起不满；对于睡眠理想应不大于 30 dB（A），若超过 45 dB（A）约有 50% 以上的人会感到受干扰。测试结果表明，噪声对临街建筑的影响最大，有些临街建筑噪声常常达到 70 dB（A）以上，严重影响了人的正常生活和身体健康。门窗是围护结构的薄弱环节，也为声的传播提供了便利条件，使室外噪声轻易地传到室内或缺乏隔绝外界噪声的能力，导致室内声环境受到破坏。另外，室内电梯、变压器、高楼中的水泵、中央空调设备等也会产生低频噪声污染，严重者会极大地影响正常的居住和工作等。

（一）降低来自声源噪声

人类活动噪声的来源可分为交通噪声、工业噪声、施工噪声和社会噪声等。交通工具（如汽车、火车等）是交通噪声的噪声源，对环境影响比较广，我国城市交通噪声中道路边的噪声白天大致在 70 dB（A）以上。工厂噪声不仅直接对生产工人带来危害，而且对附近居民的影响也大，特别是城区的工厂与居民住宅交错区，振动和噪声严重影响居民正常生活。施工噪声有打桩机、地螺钻、铆枪、压缩机、破路机等机械产生的噪声，虽然施工噪声具有暂时性，但城建施工活动的总和很大。

降低声源的噪声，主要是通过对噪声源的控制、减振，达到对室内声环境的控制与改善的目的。降低声源噪声辐射是控制噪声最根本和有效的措施，但主要针对室内的噪声源。在声源处即使只是局部地减弱了辐射强度，也可以使控制中间传播途径中或接收处的噪声变得容易。可以通过改进结构设计、改进加工工艺、提高加工精度等措施来降低噪声的辐射，还可以采取吸声、隔声、减振等技术措施，以及安装消声器等控制声源的噪声辐射。

（二）传播途径降低噪声

1. 利用"闹静分开"的方法降低噪声

如居民住宅区、医院、学校、宾馆等需要较高的安静环境，应与商业区、娱乐区、工业区分开布置。在工厂内应合理布置生产车间与办公室的位置，应考虑将噪声大的车间集中起来，安置在下风头，办公室、实验室等需要安静场所与车间分开，安置在上风头。噪声源尽量不要露天放置。

2. 利用地形和声源的指向性降低噪声

如果噪声源与需要安静的区域之间有山坡、深沟等地形地物时，可利用这些自然屏障减少噪声的干扰。另外，声源具有指向性，可利用其指向性使噪声指向有障碍物或对安静要求不高的区域。而医院、学校、居民住宅区、办公场所等需要安静的地区应尽量避开声源的指向，减少噪声的干扰。

3. 利用绿化降低环境噪声

采用植树、矮灌木、草坪，在光滑的墙壁上种植绿色植物等绿化手段，可减少噪声源对周边工厂企业、学校等噪声干扰，试验表明，绿色植物减弱噪声的效果与林带的宽度、高度、位置、配置方式及树木种类有密切关系。多条窄林带的隔声效果比只有一条宽林带好。林带的位置尽量靠近声源，这样降噪效果更好。林带应以乔木、灌木和草地结合，形成一个连续、密集的隔声带。树种一般选择树冠矮的乔木，阔叶树的吸声效果比针叶好，灌木丛的吸声效果更为显著。

4. 利用声学控制措施降低噪声

既有建筑外窗是降低噪声的薄弱环节。对于外窗降低噪声措施主要有采用中空玻璃、提高窗户密封性、窗框型材改造等。中空玻璃的隔声量要比单层普通玻璃大 5 dB（A）左右。窗户密封胶条的好坏直接影响窗的隔声量，低档的胶条使用一段时间后会出现老化、龟裂、收缩等现象，胶条与窗之间产生裂缝，影响窗户的隔声效果，应及时进行更换。铝型材和钢型材的隔声效果较差，采用包塑的型材进行改造，除了可改善热工性能外，还能改善隔声效果。通过各种降低噪声措施，应使外窗隔声量达到 25 ~ 30 dB（A），基本可满足相关标准的要求。

（三）采用遮蔽噪声措施

采用遮蔽噪声措施，就是主动在室内加入掩蔽噪声。遮蔽噪声效应也被称为"声学香水"，用它可以抑制干扰人们宁静气氛的声音，并可以提高工作效率。适当的遮蔽背景声具有无表达含义、响度不大、连续、无方位感等特点。低响度的空调通风系统噪声、轻微的背景音乐、隐约的语言声往往是很好的遮蔽背景声。在开敞式办公室或设计有绿化景观的公共建筑的门厅里，也可以利用通风和空调系统或水景的流水产生的使人易于接受的背景噪声，以掩蔽电话、办公用设备或较响的谈话声等不希望听到的噪声，创造一个适宜的声环境，同时也有助于提高谈话的私密性。

四、室内光环境控制与改善

光环境是建筑物理环境中一个重要组成部分，它和湿环境、热环境、视觉环境等并列。对建筑物来说，光环境是由光照射与其内外空间所形成的环境。因此光环境形成一个系统，包括室外光环境和室内光环境。室内光环境是室内空间由光照射而形成的环境，其功能是要满足物理、生理、心理、人体功效学及美学等方面的要求。

（一）改善自然采光

既有建筑不同于新建建筑，它的自然采光受到原建筑设计的制约。既有建筑室内光环境控制的目的：一方面是通过最大限度地使用天然光源，而达到有效地减少照明能耗的目的；另一方面是避免在室内出现眩光，产生光污染干扰室内人员的工作生活。既有建筑改善自然采光的方法主要有采光口改造、遮阳百叶控制、反射镜控制、导光管与光导纤维等。

1. 采光口改造

采光口主要是指建筑围护结构的透明部分位置。分为侧向采光口（如外窗洞、透明幕墙位置）和顶部采光口（如天窗、天井）。采光口设置不合理会导致采光不足或过量、眩光、阳光辐射强烈、闷热等问题。采光口改造措施包括增加采光口、增加采光面积、改变采光口位置、改善采光构件等。

2. 遮阳百叶控制

遮阳百叶就其系统本身而言，从位置上分"外部遮阳"和"内部遮阳"，其中又可分为"活动式遮阳"和"固定式遮阳"。固定式外遮阳，比较成熟的常用做法有四种：水平式、垂直式、综合式和挡板式。

一般来说，水平式遮阳板多应用于南向及北向，遮挡入射角较大的阳光；垂直遮阳有利于遮挡从两侧斜射而入射角较小的阳光；综合式遮阳板主要适用于南向、南偏东以及南偏西向，适用于遮挡入射角较小、从窗侧面斜射下来的阳光；挡板式遮阳适用于东、西朝向的窗口，遮挡太阳入射角较低、正射窗口的阳光。

3. 反射镜控制

反射镜控制是采用采光搁板、棱镜组、反射高窗等对自然光进行合理的引导，以满足室内正常的采光要求。

从某种意义上讲，采光搁板是水平放置的导光管，它主要是为解决大进深房间内部的采光而设计的。它的入射口起聚光作用，一般由反射板或棱镜组成，设置在窗户的顶部；与其相连的传输管道截面为矩形或梯形，内表面具有高反射比的反射膜。

棱镜是一种由两两相交但彼此均不平行的平面围成的透明物体，可用以分光、反射或使光束发生色散。用棱镜组进行光线多次反射，用一组传光棱镜将集光器收集的太阳光传送到需要采光的部位。

反射高窗是在窗户的顶部安装一组镜面反射装置。阳光射到反射面上经过一次反射，到达房间内部的天花板，再利用天花板的漫反射作用，反射到房间的内部。反射高窗可以减少直射阳光的进入，充分利用天花板的漫反射作用，使整个房间的照度和均匀度均有所提高。

4. 导光管与光导纤维

导光管是把由采光装置收集的自然光导入室内的管道，一般为铝制结构，质量较轻。导光管可以按形状分为直导光管和弯管两种，弯管可以有不同的弯曲角度，弯曲角度变化范围为 0 ~ 90°。导光管内壁五层特殊膜确保了光线的高效传输性和稳定性。材料全反射率达到 98% 以上。由于光在导光管内传输时要经过多次反射，导光管的反射率越高，其光强剩余量也就越大，所以选用高反射率的材料制成的导光管，其传输效率也比较高。

光导纤维简称光纤，是一种由玻璃制成、能传输光线、结构特殊的玻璃纤维。也有少数是由合成树脂制成的高分子光导纤维。光导纤维是由两层折射率不同的玻璃组成。内层为光内芯，直径在几微米至几十微米，外层的直径为 0.1 ~ 0.2 mm。一般内芯玻璃的折射率比外层玻璃大 1%。根据光的折射和全反射原理，当光线射到内芯和外层界面的角度大于产生全反射的临界角时，光线透不过界面，全部反射。

（二）改善人工照明

人工照明是指为创造夜间建筑物内外不同场所的光照环境，补充白昼因时间、气候、地点不同造成的采光不足，以满足工作、学习和生活的需求，而采取的人为措施。

对于既有建筑改善人工照明，应满足室内光环境要求，应提倡采用"绿色照明"，采用效率高、寿命长、安全性好和性能稳定的照明电器产品，一般可采用以下措施：

1. 采用高效节能的电光源

随着电光源市场的不断扩大、产品和技术需求的逐步增长，电光源科技将主要向提高光源的发光效率、改善电光源的显色性、延长寿命、开发出体积小的高效节能光源等方面不断发展。

科学选用电光源是照明节电的首要问题。当前，国内生产的电光源的发光效率、寿命、显色性能均在不断提高，高效节能电光源不断涌现。电光源发光原理可分为两类，即热辐射电光源和气体放电光源。各种电光源的发光效率有较大差别，气体放电光源比热辐射电光源高得多。一般情况下，可逐步用气体放电光源替代热辐射电光源，并尽可能选用光效高的气体放电光源。采用高效节能的电光源，主要包括优先选用紧凑型荧光灯取代白炽灯和普通直管型荧光灯，推广应用高压钠灯、低压钠灯、金属卤化物灯、发光二极管、LED 等。

2. 采用高效节能照明灯具

照明灯具的作用已经不仅仅局限于照明，也是家居中的眼睛，更多的时候它起到的是装饰作用。因此，照明灯具的选择就要复杂得多，它不仅涉及安全省电，而且还会涉及材质、种类、风格品位等诸多因素。

3. 采用高效节能照明灯用电器附件

为保证不同类型电光源（白炽灯和气体放电灯）在电网电压下正常可靠工作而配置的电器件统称为灯用电器附件。按照工作原理不同，照明灯用电器附件可分为启动器、镇流器、电子镇流器和触发器。

对于既有建筑高效节能照明灯用电器附件，应选用节能电感镇流器和电子镇流器，取代传统的高能耗电感镇流器。电子镇流器通过高频化提高灯效率、无频闪、无噪声、自身的功耗很小。

4. 采用智能照明控制系统

智能照明控制系统是利用先进电磁调压及电子感应技术，对供电进行实时监控与跟踪，自动平滑地调节电路的电压和电流幅度，改善照明电路中不平衡负荷所带来的额外功耗，提高功率因素，降低灯具和线路的工作温度，达到优化供电目的照明控制系统。

随着计算机技术、通信技术、自动控制技术、总线技术、信号检测技术和微电子技术的迅速发展和相互渗透，照明控制技术有了很大的发展，照明进入了智能化控制的时代。实现照明控制系统智能化的主要目的有两个：一是可以提高照明系统的控制和管理水平，减少照明系统的维护成本；二是可以节约能源，减少照明系统的运营成本。

第四节 既有建筑暖通空调的节能改造

一、采用高效热泵

作为一种自然现象，热量总是从高温端流向低温端。如同水泵的原理把水从低处提升到高处那样，人们可以用热泵技术从低温端抽吸到高温端。所以，热泵实质上是一种热量提升装置，除泵本身消耗一部分能量，把环境介质中储存的能量加以挖掘，提高温位进行利用，而整个热泵装置所消耗的功，仅为供热量的1/3或更低，这就是采用热泵能够节能的关键所在。

空气源热泵是目前较先进的能源之一，空气源热泵工作原理有别于太阳能，空气源热泵和太阳能、地热能一样都属于免费能源，是先进节能技术发展的产物，空气源热泵可以用于生活热水、空调、家用采暖等多个领域，已经成为高技术与高品位的生活象征。空气源热泵原理就是利用逆卡诺原理，以极少的电能，吸收空气中大量的低温热能，通过压缩机的压缩变为高温热能，是一种节能高效的热泵技术。

二、空调输送系统变频改造

由于受气候条件、建筑使用情况等因素变化的影响，在实际运行的过程中，空调系统的实际负荷大多数都小于其设计负荷。大型公共建筑暖通空调系统的输送设备风机水泵的负荷，一般是根据满负荷工作需要量进行选型的。实际应用中的大部分时间并非工作于满负荷状态。因此，空调运行过程中的变工况运行，对于暖通空调系统的节能运行有显著的效果。

经实际测试证明，在空调制冷的能耗中，大约40%～50%由外围护结构传热所消耗，30%～40%为处理新风所消耗，25%～30%为空气和水输配所消耗。因此，对于大型公共建筑，有效的变风量（VAV）和变水量（VWV）技术的应用，能够有效降低建筑部分负荷下运行时的输送能耗。对于既有建筑空调输送系统变频改造措施主要有：水泵变频控制改造和变风量控制改造。

（一）水泵变频控制改造

变频水泵是利用变频器来改变水泵的转速，来调节水泵的流量和压力，变频器上一般都有闭环控制功能，可以根据压力信号自动控制运行，达到恒压供水。实际上是根据监测空调末端运行负荷变化，控制末端水流量或末端的启闭，达到合理分配冷负荷的目的。同时，水泵根据整个水力管网流量或压力的变化，调整水泵的工作状态，达到节能的目的。

采用变频器直接控制风机、泵类负载是一种科学的控制方法，利用变频器内设置的控制调节软件，直接调节电动机的转速保持一定的水压和风压，从而满足空调输送系统要求的压力。当电机在额定转速的 80% 运行时，理论上其消耗的功率为额定功率的 51.2%，去除机械损耗、电机铜、铁损等影响，节能效率也接近 40%。同时，也可以实现水泵的闭环恒压控制，节能效率将会进一步提高。

（二）变风量控制改造

变风量系统（VAV 系统）根据室内负荷变化或室内要求参数的变化，保持恒定送风温度，自动调节空调系统送风量，从而使室内参数达到要求的全空气空调系统。由于空调系统大部分时间在部分负荷下运行，所以，风量的减小带来了风机能耗的降低。VAV 系统追求以较小的能耗来满足室内空气环境的要求。

变风量系统（VAV 系统）的优点：第一，由于 VAV 系统通过调节送入房间的风量来适应负荷的变化，同时，在确定系统总风量时还可以考虑一定的同时使用情况，所以能够节约风机运行能耗和减少风机装机容量；第二，系统的灵活性较好，易于改、扩建，尤其适用于格局多变的建筑，当室内参数改变或重新隔断时，可能只需要更换支管和末端装置，移动风口位置，甚至仅仅重新设定一下室内温控器；第三，VAV 系统属于全空气系统，它具有全空气系统的一些优点，可以利用新风消除室内负荷，能够对负荷变化迅速响应，室内也没有风机盘管凝水问题和霉菌滋生问题。

三、蓄冷蓄热技术

蓄冷技术，主要是指在电力负荷低谷时段，采用电动制冷机组制冷，利用水的潜热（或显热）以冰（或低温水）的形式将冷量贮存起来，在用电高峰时段将其释放，以满足建筑物的空调或生产工艺需冷量，从而实现电网移峰填谷的目的。

蓄热技术，是指在电网低谷时段运行电加热设备，对存放在蓄热罐中的蓄热介质进行加热，将电能转换成热能储存起来，在用电高峰期将其释放，以满足建筑物采暖或生活热水需热量，从而实现电网移峰填谷的目的。

推广蓄冷、蓄热技术与建筑物空调负荷以及环境温度关系极为密切。一般建筑物的空调投入使用时，空调冷负荷为设计负荷 50% 以下，运行时间超过全年总运行时间的

70%。即使是在一年当中最热的一天，也因为人们的作息习惯、工作状态以及设备运行状况变化等原因，使建筑物空调日负荷曲线与电网负荷曲线基本重合，成为电网峰谷负荷差大的原因。与此同时，随着经济社会的快速发展，空调的使用量越来越大，在我国的一些大型城市和经济比较发达的省份，空调用电负荷已经超过相应区域最大的用电负荷的30%。

四、新风系统节能技术

新风系统是空调的三大空气循环系统之一，即室内空气循环系统、室外空气循环系统和新风系统。新风系统的主要作用就是实现房间空气和室外空气之间的流通、换气，还有净化空气的作用。空调制冷能耗中30%～40%为处理新风所消耗，因此，新风系统一直都是暖通空调系统节能的重点，新风节能成为建筑节能中一个重要的组成部分。

新风节能的主要方法有冷热回收技术、过渡季节通风技术、新风变频技术等。热回收技术是暖通空调领域比较成熟和先进的节能环保技术，可以最大限度回收废热，节省机组用电量，提供免费生活热水；直接减少向大气排放的废热量，尤其对于大型商场、超市和大会堂等建筑具有良好的经济性。过渡季节室外温度处于相对较低的温度范围内，此时，若引入室外的空气，通过空气流动带走室内热量，将有效缩短空调设备运行时间，可以降低空调能耗。

五、空调末端节能改造

（一）采用低温辐射供冷系统

辐射供冷是指降低围护结构内表面中一个或多个表面的温度，形成冷辐射面，依靠辐射面与人体、家具及围护结构其余表面的辐射热交换进行降温的技术方法。由于辐射供冷系统中辐射传热所占份额在50%以上，当采用辐射供冷系统时室内的温度可比传统空调系统降低1～2℃。辐射供冷系统具有节能、舒适性强、污染性小等优点，但是也同时存在着结露、供冷能力有限、无新风等问题。

建筑室内的低温辐射供冷系统是指通过在竖直墙壁内、天花板或地板中安装盘管，利用墙体、天花板、地板材料的热容性（热惰性），同时利用水循环冷却的作用，从而达到控制室温的目的，维持室内温度在人体舒适度范围内的一种供冷系统。这种辐射供冷系统主要利用辐射方式来使房间达到舒适性要求。目前，应用和研究相对比较成熟的系统有冷却顶板、地板供冷、空调墙系统等。

由于顶棚地板辐射供冷供暖需要辅助的新风系统调节湿度，并要求保证空气的质量，因此，在采用辐射供暖空调的同时，也应采用温、湿独立控制空调系统。

（二）采用温湿独立控制空调系统

温、湿度独立控制空调系统是指在一个空调系统中，采用两种不同蒸发温度的冷源，用高温冷冻水取代传统空调系统中大部分由低温冷冻水承担的热湿负荷，这样可以提高综合制冷效率，进而达到节省能耗的目的。在温湿度独立控制空调中，高温冷源作为主冷源，它承担室内全部的显热负荷和部分的新风负荷，占空调系统总负荷的 50% 以上；低温冷源作为辅助冷源，它承担室内全部的湿负荷和部分的新风负荷，占空调系统总负荷的 50%以下。

采用两套独立的系统分别控制和调节室内湿度和温度，从而避免了常规系统中温湿度联合处理所带来的能源浪费和空气品质的降低；由新风来调节湿度，显热末端调节温度，可满足房间热湿比不断变化的要求，避免了室内湿度过高过低的现象。归纳起来，温、湿度独立控制空调系统具有如下优点：

1. 可以避免过多的能源消耗

从处理空气的过程我们可以知道，为了满足送风温差，一次回风系统须对空气进行再热，然后送入室内。这样的话，这部分加热的量需要用冷量来补偿。而温湿度独立控制空调系统避免了送风再热，就节省了能耗。传统的空调系统中，显热负荷约占总负荷的比例为 50% ~ 70%，潜热负荷约占总负荷的 30% ~ 50%。原本可以采用高温冷源来承担，却与除湿共用 7 ℃冷冻水，造成了利用能源品位上的浪费，这种现象在湿热的地区表现得尤为突出；经过处理的空气，湿度可以满足要求，但会引起温度过低的情况发生，需要对空气再热处理，进而造成了能耗的进一步增加。

2. 温、湿度参数很容易实现

传统的空调系统不能对相对湿度进行有效的控制。夏季，传统的空调系统用同一设备对空气热湿处理，当室内热、湿负荷变化时，通常情况下，我们只能根据需要调整设备的能力来维持室内温度不变，这时，室内的相对湿度是变化的，因此，湿度得不到有效的控制，这种情况下的相对湿度不是过高就是过低，都会对人体产生不适。温、湿度独立控制空调系统通过对显热的系统处理来进行降温，温度参数很容易得到保证，精度要求也可以达到。

3. 空气品质良好

温、湿度独立控制空调系统的余热消除末端装置以干工况运行，冷凝水及湿表面不会在室内存在，该系统的新风机组也存在湿表面，而新风机组的处理风量很小，室外新风机组的微生物含量小，对于湿表面除菌的处理措施很灵活并很可靠。传统空调系统中，在夏季，由于除湿的需要，而在供冷季，风机盘管与新风机组中的表冷器、凝水盘甚至送风管道，基本都是潮湿的。这些表面就成为病菌等繁殖的最好场所。

4. 不须另设加湿装置

温、湿度独立控制空调系统能解决室内空气处理的显热和潜热与室内热湿负荷匹配的问题，而且在冬季不需要另外配备加湿装置。传统空调系统中，冬季没有蒸汽可用，一般常采用电热式等加湿方式，这会使得运行费用过高。如果采用湿膜加湿方式又会产生细菌污染空气等问题。

温、湿度独立控制空调系统作为新的空调形式，有着非常明显的节能优势。温、湿度独立控制空调系统，既可以有效地避免室内空气的交叉污染，也可以有效地阻断由于空调系统而导致的空气流通传播的疾病。目前，在能源消耗日益增加的环境下，温、湿度独立控制空调系统为营造既节能又舒适的室内空调环境，提供了一个有效可靠的解决方式，具有良好的应用前景。

六、智能控制与分项计量

（一）智能控制

智能控制是在无人干预的情况下，能自主地驱动智能机器实现控制目标的自动控制技术。智能控制理论的研究和应用是现代控制理论在深度和广度上的拓展。

建筑的智能化系统是建筑节能的重要手段，它能有效地调节控制能源的使用、降低建筑物各类设备的能耗、延长其使用寿命、提高利用效率、减少管理人员，从而获得更高的经济效益，保证建筑物的使用更加绿色环保、高效节能。

楼宇智能控制是指综合计算机、信息通信等方面的最先进技术，使建筑物内的电力、空调、照明、防灾、防盗、运输设备等协调工作，实现设备自动化系统、通信自动化系统、办公自动化系统、安全自动化系统、消防自动化系统、管理自动化系统，将这六种功能结合起来的建筑，外加结构化综合布线系统、结构化综合网络系统、智能楼宇综合信息管理自动化系统组成。

1. 设备自动化系统

设备自动化系统是指将建筑物或建筑群内的空调、电力、给排水、照明、送排风、电梯等设备或系统，以集中监视、控制和管理为目的，构成楼宇设备自动化系统。对于自有控制系统的设备系统，通过高价接口集中到楼宇设备自动化系统统一管理，对于分系统可做到只监视不控制。

2. 通信自动化系统

通信自动化系统，是一个中枢神经系统，它包括以数字式程控交换机为该中心的通信系统，以及通过楼宇的结构化综合布线系统来实现计算机网络、卫星通信、闭路电视、可视电话、电视会议等系统的综合，从而达到楼宇内的信息沟通与共享。智能建筑的通信自动化系统主要有两个功能：一是支持各种形式的通信业务；二是能够集成不同类型的办公自动化系统和楼宇自动化系统，形成网络并进行统一管理。

3. 办公自动化系统

办公自动化系统是利用技术的手段提高办公的效率，进而实现办公自动化处理的系统，主要包括 Internet/Intranet 系统、电视会议系统和多媒体信息互动系统。Internet 即国际互联网，又称因特网，是全球性的网络，是一种公用信息的载体，具有快捷性、普及性，是现今最流行、最受欢迎的传媒之一；Intranet 是利用各项技术建立起来的企业内部信息网络。

多媒体互动系统是通过捕捉设备（感应器）对目标影像（如参与者）进行捕捉拍摄，然后由影像分析系统分析，从而产生被捕捉物体的动作，该动作数据结合实时影像互动系统，使参与者与屏幕之间产生紧密结合的互动效果。

4. 安全自动化系统

建筑安全自动化系统包括闭路电视监控系统、保安防盗系统，以及出入口监控、巡更、停车场管理等一卡通系统。

5. 消防自动化系统

消防自动化系统是指将消防自动化技术运用到智能建筑消防的各个方面而形成的消防系统。智能建筑消防自动化系统由火灾信息自动探测报警、消防联动、火灾管理指挥网络等子系统组成。

智能建筑消防自动化系统是智能建筑系统的重要组成，也是建筑设备自动化系统的重要组成，它在智能建筑系统以及建筑设备自动化系统中都发挥着十分重要的作用。消防自动化技术的先进程度对智能建筑消防自动化系统的性能有较大的影响，先进的自动化技术才会产生高质量的消防自动化系统，而消防自动化系统的高质量可以在发生火灾时，使人民生命和财产安全免受或者少受损失。

6. 管理自动化系统

管理自动化系统是指由人与计算机技术设备和管理控制对象组成的人机系统，核心是管理信息系统。管理自动化采用多台计算机和智能终端构成计算机局部网络，运用系统工程的方法，实现最优控制与最优管理的目标。大量信息的快速处理和重复性的脑力劳动由计算机来完成，处理结果的分析、判断、决策等由人来完成，形成人、机结合的科学管理系统。

（二）分项计量

随着国家经济建设的飞速发展、人民生活水平的不断提高，各类能源消耗量的不断增加给能源供给带来巨大压力；综观整个能源消耗的情况，大、中型建筑等则是耗能的大户；为此国家要求建筑节能降耗的呼声也越来越高，相关政策法规应运而生。

在大力推广节能减排的阶段，要达到最快、最明显的节能效果，不单是应用安装节能灯具、电机变频、节水卫浴等设备节能手段，更需要有一套完善的建筑能耗分项计量系统来管理能源、量化能耗数据、掌握能耗动态信息、找出节能降耗着手点、对比节能效果差异、建立起一套完整的能源管理节能措施，加强能源管理水平，提高管理工作效率；利用能耗量化考核指标及能源按量收费等经济指标杠杆效应，促进用户的技能意识，达到整体节能的目的。

建筑能耗分项计量是结合先进的计算机技术及网络技术，结合研发的对应系统硬件设备，有机地融入"科学计量、合理收费、管理节能"的理念，为企业建立起水、电、气、空调能源消耗的自动采集、在线监测、准确统计、合理考评、有效管理的能源运营体系。

建筑能耗分项计量系统通过在建筑物、建筑群内安装分类和分项能耗计量装置，实时采集、监测、分析能耗数据。为建筑用能基准、能源生产和计划调度提供可靠依据，为物业管理部门优化建筑设备运行、加强能耗管理提供可分析的计量数据，同时，为节能管理、能源审计、节能改造、节能量统计提供准确的数据依据，快速、有效地实现能耗计量、分析和节能决策。

第五节　既有建筑改造中可再生能源的利用

一、太阳能热水的应用

随着人们环保意识的不断提高，节约资源、绿色环保的太阳能热水系统在房屋建筑中得到广泛应用。太阳能有其他能源无法比拟的优势，它无污染、投资少、耗能低，太阳能在生活中有着广泛的应用，随着人们日益增长的物质文化需求，开发高品质的太阳能热水系统更是迫在眉睫。

太阳能光热在既有建筑中的应用主要体现在太阳能热水器与建筑一体化应用。太阳能热水设备由集热器、蓄热水箱、循环管道、支架、控制系统及相关附件组成，必要时还要增加辅助热源。要实现太阳能与建筑一体化，必须在建筑的设计阶段就将太阳能热水设备的各个部件作为建筑物构件去设计，在立面造型、结构形式、给排水系统中通盘考虑。在外观上，实现太阳能热水系统与建筑完美结合，无论在屋顶、阳台、墙面或其他部位都要使太阳能集热器成为建筑的一部分，实现两者的协调统一；在结构上，妥善解决太阳能热水系统的安装问题，确保建筑物的承重、防水等功能不受影响，还应充分考虑太阳能集热器抵御强风、暴雪、冰雹等的能力；在管路布置上，合理布置太阳能热水系统物质循环管路和冷热水供应管路，减少热水管路的长度，而留出各种管路的接口、通道；在系统运行上，要求系统安全可靠、稳定、易于安装、维护，合理解决太阳能与辅助能源加热设备的匹配，实现系统的智能化和自动控制。

目前，太阳能在居住建筑和公共建筑中已大量应用。居住建筑主要用于生活用热水；而公共建筑中，太阳能热水可作为大楼热水的补充，用于厨房热水、洗澡热水或锅炉热水补充等。在既有建筑中太阳能光热利用的领域主要有利用太阳能供热水，发展太阳能采暖、太阳能制冷空调等，目前，应用最多的是太阳能热水供应系统。现有的太阳能热水供应系统分为集中式与分散式。其中集中式所需补热量大，水循环系统耗能较高，其补热方式是目前有待继续深入研究的问题；分散式是目前在建筑上采用较多的，但其热水供应保障性有时较差，效率也有待提高。

二、太阳能光伏发电应用

随着现代工业的发展，全球能源危机和大气污染问题日益突出，太阳能作为理想的可再生能源受到了许多国家的重视。目前，太阳能光伏发电技术正在迅速发展，应用的规模和范围也在不断地扩大，已成为当今世界新能源发电领域的一个研究热点。

太阳能光伏发电系统的应用类型有独立型系统、蓄电型系统和并网型系统三种。独立型系统结构比较简单，供电范围较小；蓄电型系统设备比较多，系统比较复杂，蓄电池要占一定空间，工程造价高；并网型系统是与城市电网并网，灵活性较好，工程造价低。

太阳能光伏与建筑一体化（BIPV）是应用太阳能发电的一种新概念，简单地讲，就是将太阳能光伏发电方阵安装在建筑的围护结构外表面来提供电力。根据光伏方阵与建筑结合的方式不同，光伏建筑一体化可分为两大类：一类是光伏方阵与建筑的结合；另一类是光伏方阵与建筑的集成。在这两种方式中，光伏方阵与建筑的结合是一种常用的形式，特别是与建筑屋面的结合。由于光伏方阵与建筑的结合不占用额外的地面空间，是光伏发电系统在城市中广泛应用的最佳安装方式，因而备受关注。光伏方阵与建筑的集成是BIPV 的一种高级形式，它对光伏组件的要求较高。光伏组件不仅要满足光伏发电的功能要求，同时还要兼顾建筑的基本功能要求。

参考文献

[1] 董莉莉. 绿色建筑设计与评价 [M]. 北京：中国建筑工业出版社，2019.

[2] 郭晋生. 绿色建筑设计导论 [M]. 北京：中国建筑工业出版社，2019.

[3] 田杰芳. 绿色建筑与绿色施工 [M]. 北京：清华大学出版社，2020.

[4] 中国城市科学研究会. 中国绿色建筑 [M]. 北京：中国城市出版社，2020.

[5] 杨承恕，陈浩. 绿色建筑施工与管理 [M]. 北京：中国建材工业出版社，2020.

[6] 强万明. 超低能耗绿色建筑技术 [M]. 北京：中国建材工业出版社，2020.

[7] 姜立婷. 绿色建筑与节能环保发展推广研究 [M]. 哈尔滨：哈尔滨工业大学出版社，
    2020.

[8] 李夺，黎鹏展. 绿色规划绿色发展：城市绿色空间重构研究 [M]. 武汉：华中科学技术
    大学出版社，2020.

[9] 史晓燕，王鹏. 建筑节能技术 [M]. 北京：北京理工大学出版社，2020.

[10] 王婷婷. 绿色建筑设计理论与方法研究 [M]. 北京：九州出版社，2020.

[11] 史瑞英. 新时期绿色建筑设计研究 [M]. 咸阳：西北农林科学技术大学出版社，2020.

[12] 郭啸晨. 绿色建筑装饰材料的选取与应用 [M]. 武汉：华中科技大学出版社，2020.

[13] 侯立君，贺彬，王静. 建筑结构与绿色建筑节能设计研究 [M]. 北京：中国原子能出
     版社，2020.

[14] 刘存刚，彭峰，郭丽娟. 绿色建筑理念下的建筑节能研究 [M]. 长春：吉林教育出版
     社，2020.

[15] 中国城市科学研究会. 中国绿色建筑 2021[M]. 北京：中国建筑工业出版社，2021.

[16] 杨太华. 建设项目绿色施工组织设计 [M]. 南京：东南大学出版社，2021.

[17] 谭良斌，刘加平. 绿色建筑设计概论 [M]. 北京：科学出版社，2021.

[18] 杨方芳. 绿色建筑设计研究 [M]. 北京：中国纺织出版社，2021.

[19] 赵民. 绿色建筑设计技术要点 [M]. 北京：中国建筑工业出版社，2021.

[20] 任庆英. 绿色建筑设计导则 [M]. 北京：中国建筑工业出版社，2021.

[21] 同济大学建筑设计研究院（集团）有限公司，上海建筑设计研究院有限公司. 住宅

建筑绿色设计标准 [M]. 上海：同济大学出版社，2021.

[22]　庄宇作 . 夏热冬冷地区住宅设计与绿色性能 [M]. 上海：同济大学出版社，2022.

[23]　中国城市科学研究会 . 中国绿色建筑 2021[M]. 北京：中国建筑工业出版社，2021.